Geetha Thuruthiyath

Pollution de l'air et de l'eau

Geetha Thuruthiyath

Pollution de l'air et de l'eau

Chimie de l'environnement pour les débutants

Imprint
Any brand names and product names mentioned in this book are subject to trademark, brand or patent protection and are trademarks or registered trademarks of their respective holders. The use of brand names, product names, common names, trade names, product descriptions etc. even without a particular marking in this work is in no way to be construed to mean that such names may be regarded as unrestricted in respect of trademark and brand protection legislation and could thus be used by anyone.

Cover image: www.ingimage.com

This book is a translation from the original published under ISBN 978-613-9-93229-0.

Publisher:
Sciencia Scripts
is a trademark of
Dodo Books Indian Ocean Ltd. and OmniScriptum S.R.L publishing group

120 High Road, East Finchley, London, N2 9ED, United Kingdom
Str. Armeneasca 28/1, office 1, Chisinau MD-2012, Republic of Moldova, Europe
Printed at: see last page
ISBN: 978-620-5-66344-8

Dédié à

__Ma famille aimante__

leurs encouragements et leur soutien constants

ont rendu ce travail possible

Table des matières

Chapitre I

Environnement

La science de l'environnement est l'étude des modèles et des processus du monde naturel et de leur modification par l'activité humaine. C'est un domaine interdisciplinaire qui comprend la chimie, la physique, la biologie, les sciences de la terre, etc. La *chimie de l'environnement* est l'étude scientifique des phénomènes chimiques et biochimiques qui se produisent dans les lieux naturels. La chimie de l'environnement peut être définie comme l'étude des sources, des réactions, du transport, des effets et du devenir des espèces chimiques dans l'air, le sol et l'eau, ainsi que des effets de l'activité humaine sur ces milieux. Il s'agit d'une science multidisciplinaire.Le concept de base de la chimie de l'environnement aidera non seulement les chimistes mais aussi les non-chimistes qui sont engagés dans l'étude de l'environnement. Il s'agit d'une étude essentielle pour toute personne désireuse de comprendre l'environnement. Cela est particulièrement vrai dans le scénario actuel où la pollution et la dégradation de l'environnement sont responsables de la baisse de la qualité de vie. Les problèmes environnementaux auxquels nous sommes confrontés sont de plus en plus étendus et complexes. Pour trouver des solutions à ces problèmes, une compréhension approfondie de la chimie de l'environnement est essentielle.

Afin de sensibiliser le public à l'environnement, certains jours de l'année sont célébrés comme la Journée mondiale de l'environnement, la Journée de la Terre, etc. Diverses activités sont organisées à l'occasion de ces journées afin que le grand public, et en particulier les étudiants, soient conscients des problèmes auxquels est confronté notre environnement et des solutions possibles.

Journée mondiale de l'environnement (JME) - 5 juin

La Journée mondiale de l'environnement a eu lieu pour la première fois en 1973. Il s'agit du principal instrument des Nations unies pour encourager la sensibilisation et l'action au niveau mondial en faveur de la protection de notre environnement. Il s'agit d'une campagne phare de sensibilisation aux problèmes environnementaux émergents, qu'il s'agisse de la pollution marine, de la surpopulation humaine, du réchauffement climatique, de la consommation durable ou de la criminalité liée aux espèces sauvages.

La Journée mondiale de l'environnement est devenue une plateforme mondiale de sensibilisation du public, avec la participation de plus de 143 pays chaque année. Chaque année, la Journée mondiale de l'environnement propose un nouveau thème aux grandes entreprises,Des ONG, des communautés, des gouvernements et des célébrités du monde entier adoptent pour défendre des causes environnementales. Le thème de 2017 était "Connecter les gens à la nature - en ville et sur la terre, des pôles à l'équateur"[ç] . Le thème pour 2018 est "Vaincre la pollution plastique".

Journée de la Terre - 22 avril

La Journée de la Terre a été célébrée pour la première fois en 1970 aux États-Unis. Elle a été fondée par le sénateur américain Gaylord Nelson en 1969 en réaction à la dévastation causée par une marée noire. Le 28 janvier 1969, un puits foré par la plate-forme A de Union Oil au large de la côte de Santa Barbara, en Californie, a explosé. Plus de trois millions de gallons de pétrole se sont répandus, tuant plus de 10 000 oiseaux de mer, dauphins, phoques et otaries. En réaction à cette catastrophe naturelle, les militants se sont mobilisés pour créer une réglementation environnementale, une éducation à l'environnement et la Journée de la Terre. L'accord de Paris a été signé par 120 pays lors de la Journée de la Terre de 2016. Le thème de la Journée de la Terre 2017' s était "L'éducation environnementale et climatique".

Heure de la Terre

Earth Hour est organisée par le World Wide Fund for Nature. Elle a lieu chaque année et consiste à éteindre les lumières électriques non essentielles pendant une heure, de 20 h 30 à 21 h 30, un jour précis vers la fin du mois de mars. Elle a débuté à Sydney, en Australie, le 25 mars 2007, sur le site[th] . L'objectif de l'heure de la Terre est de sensibiliser le public à la protection et à la conservation de l'environnement et de limiter les émissions de polluants dans l'atmosphère.

Pollution de l'environnement

La pollution de l'environnement est une modification indésirable des caractéristiques physiques, chimiques ou biologiques de l'air, de l'eau ou de la terre, qui peut être nuisible à l'homme ou à d'autres formes de vie, aux biens culturels ou entraîner un gaspillage de nos ressources.

Pollution et polluant

La pollution est l'introduction par l'homme de produits chimiques, de particules ou de matières biologiques qui causent des dommages ou des désagréments aux humains ou à d'autres êtres vivants. D'autre part, le *polluant* est toute substance ou espèce produite soit par une source naturelle, soit par l'activité humaine, qui produit un effet négatif sur l'environnement. Les exemples incluent le CO, le SO2, le SO3, le NO2, les particules de poussière, les composés de métaux comme le Zn, le Hg, le Cd, etc. Un polluant peut être anthropique (fabriqué par l'homme) ou biogénique (provenant d'une source naturelle). Il peut être déjà présent dans la nature mais l'activité humaine augmente sa concentration au-delà de la limite souhaitable et cause ainsi des dommages à l'environnement naturel. Des substances qui sont normalement considérées comme inoffensives peuvent être à l'origine d'une pollution si elles sont présentes à des concentrations indésirables ou si elles se trouvent au mauvais endroit au mauvais moment. Les nitrates (NO3) en sont un exemple. Ils sont utilisés comme engrais, mais une concentration élevée de nitrates dans l'eau potable est toxique.

Polluants mondiaux, régionaux et locaux

Les polluants peuvent être classés en polluants mondiaux, régionaux ou locaux. Lorsque la pollution touche un pays, elle est locale, lorsqu'elle touche deux pays ou plus (transfrontalière), elle est régionale, et lorsqu'elle traverse les continents, elle est mondiale.

Les polluants locaux causent des dommages à proximité de la source d'émission. Par exemple, les plastiques non biodégradables sur le sol. Les polluants régionaux causent des dommages plus loin de la source d'émission. Par exemple, le SO2 provenant des émissions de charbon est considéré comme un coupable dans le problème des pluies acides. D'autre part, les dommages causés par un polluant global sont déterminés par sa concentration dans la haute atmosphère. Le CO2 et les chlorofluorocarbones (CFC) sont des exemples de polluants planétaires.

Les polluants peuvent également être classés en polluants persistants et non persistants. Un polluant *non persistant* est une substance qui peut causer des dommages aux organismes lorsqu'elle est ajoutée en quantités excessives dans l'environnement, mais qui est décomposée ou dégradée par les communautés biologiques naturelles et éliminée de l'environnement relativement rapidement. En revanche, les *polluants persistants* sont des composés qui résistent aux dégradations environnementales par divers processus.

Un exemple de polluant persistant est celui des *polluants organiques persistants*, communément désignés par l'acronyme POP. Il s'agit de composés organiques qui résistent généralement à la dégradation photolytique, biologique et chimique. Les POP sont souvent halogénés et se caractérisent par une faible solubilité dans l'eau et une forte solubilité dans les lipides, ce qui entraîne leur bioaccumulation dans les tissus adipeux. Ils sont également semi-volatils, ce qui leur permet de se déplacer sur de longues distances dans l'atmosphère avant de se déposer.

Contaminant

Un contaminant est une substance qui n'existe pas dans la nature mais qui est introduite en quantité significative dans l'environnement par l'action humaine. Elle réduit la qualité de vie et affecte notre santé. L'isocynate de méthyle (CH_3NCO), le gaz libéré dans l'atmosphère lors de la tragédie du gaz de Bhopal chez Union Carbide, est un exemple de contaminant.

Récepteur

Tout ce qui (élément ou organisme) est affecté par les polluants est appelé récepteur. Par exemple, les êtres humains sont les récepteurs du smog photochimique. Ils souffrent d'irritation des yeux, de problèmes respiratoires, etc. à cause du smog. De même, les animaux sauvages et les oiseaux sont les récepteurs des déchets plastiques.

Évier

Les éléments ou l'environnement qui interagissent ou consomment un polluant à longue durée de vie sont appelés des puits. Par exemple, les dépôts de marbre agissent comme un puits de CO_2, l'océan est un puits de CO_2 atmosphérique et les eaux souterraines et le sous-sol sont des puits de pesticides.

Chapitre II

POLLUTION DE L'AIR

Atmosphère

Il s'agit d'une couche de gaz entourant notre planète qui est maintenue en place par la gravité de la terre. Ses principaux composants sont l'azote (environ 78 %) et l'oxygène (environ 21 %). Parmi les composants mineurs, on trouve l'argon (environ 0,9 %), le dioxyde de carbone et l'humidité en quantités infimes.

Importance de l'atmosphère

Elle protège la vie en absorbant le rayonnement solaire nocif, à savoir les rayons ultraviolets (10 à 400 nm). L'ozone est l'un des constituants importants de l'atmosphère. Il s'agit d'une molécule composée de trois atomes d'oxygène, (O_3). L'ozone présent dans la haute atmosphère absorbe les rayonnements ultraviolets (UV) de haute énergie provenant du Soleil. Cela protège les êtres vivants à la surface de la Terre des rayons les plus nocifs du Soleil. Sans la protection de l'ozone, seules les formes de vie les plus simples seraient capables de vivre sur Terre. Sans protection, ces rayons peuvent causer de graves dommages à la peau et aux yeux. La couche d'ozone située en altitude dans l'atmosphère terrestre empêche une grande partie de ces rayonnements d'atteindre la surface.

Des couches denses de gaz moléculaires absorbent également les rayons cosmiques, les rayons gamma et les rayons X, empêchant ces particules énergétiques de frapper les êtres vivants et de provoquer des mutations et d'autres dommages génétiques. Même lors d'une éruption solaire, qui peut augmenter considérablement les dommages causés par le soleil, l'atmosphère est capable de bloquer la plupart des effets nocifs.

L'atmosphère protège également la Terre des débris spatiaux qui la frappent chaque jour, principalement sous forme de poussière et de minuscules particules. Lorsqu'elles rencontrent les molécules qui composent l'atmosphère terrestre, une friction est générée qui les détruit bien avant qu'elles n'atteignent le sol. Même les plus gros météores peuvent se briser sous l'effet des contraintes de la rentrée atmosphérique, ce qui fait que les collisions catastrophiques avec des météores sont incroyablement rares. Sans la protection physique de l'atmosphère, la surface de la Terre ressemblerait à celle de la Lune, criblée de cratères d'impact.

L'atmosphère maintient les températures de la Terre dans une fourchette acceptable. Sans atmosphère, les températures de la Terre seraient glaciales la nuit et torrides le jour. En d'autres termes, elle réduit les extrêmes de température entre le jour et la nuit, également connus sous le nom de variation de température diurne. Les molécules de l'atmosphère absorbent l'énergie du soleil à son arrivée, diffusant cette chaleur sur la planète. Les molécules retiennent également l'énergie réfléchie par la surface, empêchant le côté nocturne de la planète de devenir trop froid. Ce phénomène est appelé effet de serre, car les gaz à effet de serre sont responsables de l'absorption et de la réémission de la chaleur. Les gaz à effet de serre comprennent la vapeur d'eau, le dioxyde de carbone, le méthane, l'oxyde nitreux, l'ozone et certains produits chimiques artificiels tels que les chlorofluorocarbones (CFC). Ce processus maintient la température de la Terre à environ 33 degrés Celsius de plus qu'elle ne le serait autrement, ce qui permet à la vie sur Terre d'exister.

L'atmosphère est un milieu propice au mouvement de l'eau. La vapeur d'eau s'évapore des océans, se condense en se refroidissant et tombe sous forme de pluie, apportant une humidité vivifiante aux régions des continents qui seraient autrement sèches. L'atmosphère terrestre contient environ 12 900 kilomètres cubes d'eau à un moment donné. Sans atmosphère, l'eau s'évaporerait simplement dans l'espace ou resterait gelée dans des poches sous la surface de la planète. L'eau est également la source d'oxygène et de dioxyde de carbone, sans lesquels la vie ne serait pas possible.

Les couches de l'atmosphère

L'atmosphère est divisée en plusieurs couches en fonction de la température. Ces couches sont la troposphère, la stratosphère, la mésosphère, la thermosphère et l'exosphère.

Troposphère

La troposphère commence à la surface de la Terre et s'étend jusqu'à une hauteur d'environ 11km. (0- 11Km.) ft agit comme une source de chaleur résultant de l'absorption de la lumière solaire visible. La température diminue avec la hauteur dans la troposphère, et l'air est donc bien mélangé dans cette région (en grec : tropos, un tournant). La température varie de 14° C à -56° C. Le sommet de la troposphère est appelé tropopause. C'est la zone la plus importante pour les organismes et elle est composée de O2, N2, CO2, H2O et de particules. Les phénomènes météorologiques tels que les orages et les nuages se produisent dans cette couche. La plupart des compagnies aériennes commerciales volent également dans cette région.

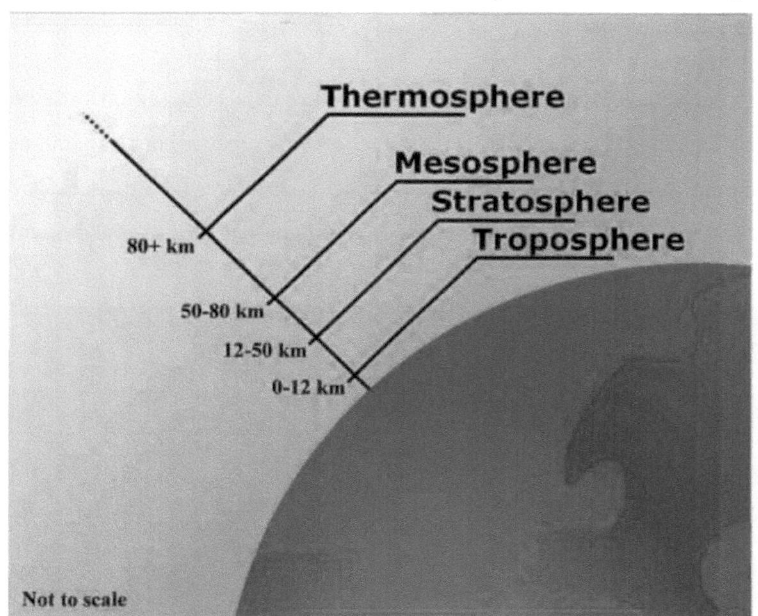

Image provenant de Wikimedia Commons, Original par emBredk, converti en SVG par tiZom. Globe emprunté à File:Earth clip art.svg

Stratosphère

La stratosphère s'étend d'environ Ilkm à environ 50 kilomètres. La température, dans cette couche de l'atmosphère, varie de -56° C à -2° C. La "couche d'ozone" se trouve dans la stratosphère. L'ozone est un bouclier protecteur pour la vie sur terre contre les effets néfastes des rayons ultraviolets du soleil. En raison de l'absorption des rayons ultraviolets, la stratosphère est réchauffée et cela provoque une inversion de température qui limite le mélange vertical des polluants. C'est la raison pour laquelle on voit le smog s'accrocher dans les zones industrialisées. Le smog se propage très vite horizontalement mais très lentement verticalement. La région située au-dessus de la stratosphère (>50 km) est appelée stratopause.

Mésosphère

La mésosphère est la région située au-dessus de la stratopause. Elle s'étend de 50 km à 85 km. Dans cette zone, la température diminue à nouveau (de -2° C à -92° C) avec l'altitude, c'est-à-dire qu'elle présente un taux de chute positif. Les composants importants de la mésosphère sont l'O2 et le NO 2^+ . La région située au-dessus de la mésosphère est appelée mésopause.

Thermosphère

La thermosphère s'étend de 85 km à 500 km. La température dans cette région varie de -92° C à 1200° C) Dans la thermosphère, au-dessus de la mésopause, la température augmente rapidement avec l'altitude, présentant un taux de chute négatif. Les gaz présents dans cette région (O2 et NO) absorbent le rayonnement solaire et subissent une ionisation.

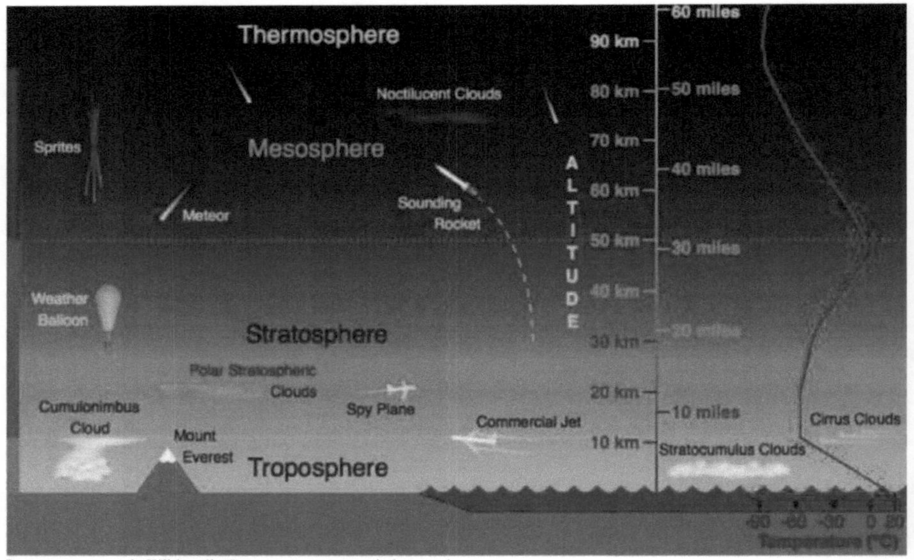

Image provenant de Wikimedia Commons, auteur : scied.ucar.edu

Ionosphère

L'ionosphère s'étend d'environ 60 km à près de 1 000 km d'altitude. Elle comprend la thermosphère, des parties de la mésosphère et de l'exosphère. Elle est ionisée par le rayonnement solaire et joue un rôle important dans l'électricité atmosphérique. Elle a une importance pratique car elle influence la propagation radioélectrique vers des endroits éloignés sur la Terre. Dans cette région, $O2^+$, O^+ , NO^+ et les électrons existent à des niveaux significatifs.

Exosphère

L'atmosphère située au-dessus de la thermosphère est appelée exosphère ou espace extra-atmosphérique. Elle s'étend jusqu'à 32190 km de la surface de la terre. Elle est dépourvue d'atmosphère et se compose uniquement d'hydrogène et d'hélium.

Pollution atmosphérique

Elle est généralement étudiée comme une pollution troposphérique et stratosphérique.

La pollution troposphérique est due à la présence de particules solides et gazeuses indésirables dans l'air. Elle peut être causée par :

> *Les polluants atmosphériques gazeux :* Les polluants atmosphériques gazeux comprennent les oxydes de soufre, d'azote et de carbone, le sulfure d'hydrogène, les hydrocarbures, l'ozone et d'autres oxydants.

> *Les polluants particulaires* : Les polluants particulaires comprennent le smog, la poussière, le brouillard, la fumée et les émanations.

Les polluants atmosphériques gazeux provoquent des maladies respiratoires comme l'asthme, la bronchite, l'irritation et la rougeur des yeux. L'augmentation des niveaux de monoxyde de carbone entraîne des maux de tête, de la nervosité et des maladies cardiovasculaires. L'augmentation du niveau de dioxyde de carbone entraîne un réchauffement de la planète et peut perturber l'équilibre de l'atmosphère. Les polluants particulaires entraînent le développement d'un smog photochimique et agissent comme des irritants pour les yeux. Elles irritent également le nez et la gorge et provoquent des douleurs thoraciques, une sécheresse de la gorge et une toux, etc.

Polluants atmosphériques gazeux

Oxydes de soufre : Les oxydes de soufre sont produits lorsque des combustibles fossiles contenant du soufre sont brûlés. L'espèce la plus courante, le dioxyde de soufre, est un gaz toxique pour les animaux et les plantes. Même une faible concentration de dioxyde de soufre provoque des maladies respiratoires telles que l'asthme, la bronchite et l'emphysème chez les êtres humains. Le dioxyde de soufre provoque une irritation des yeux, qui se traduit par des larmes et des rougeurs. Une concentration élevée de SO2 entraîne une rigidité des boutons de fleurs qui finissent par tomber des plantes.

L'oxydation non catalysée du dioxyde de soufre est lente. Toutefois, la présence de particules dans l'air pollué catalyse l'oxydation du dioxyde de soufre en trioxyde de soufre.

$2SO_2 (g) + O_2 (g) \rightarrow 2SO_3 (g)$

La réaction peut également être favorisée par l'ozone et le peroxyde d'hydrogène.

$SO_2 (g) + O_3 (g) \rightarrow SO_3 (g) + O_2 (g)$

$SO_2 (g) + H O_{22} (I) \rightarrow H_2 SO_4 (aq)$

Oxydes d'azote : L'azote et le dioxygène sont les principaux constituants de l'air. Ces gaz ne réagissent pas entre eux à une température normale. À haute altitude, lorsque la foudre frappe, ils se combinent pour former des oxydes d'azote. NO_2 est oxydé en ion nitrate, NO_3 ^ qui est lessivé dans le sol, où il sert d'engrais. Dans un moteur d'automobile (à haute température), lors de la combustion d'un combustible fossile, l'azote et le dioxygène se combinent pour produire des quantités importantes d'oxyde nitrique (NO) et de dioxyde d'azote (NO_2), comme indiqué ci-dessous :

$N_2 (g) + O_2 (g) \xrightarrow{\hspace{1cm}} 2NO(g)$ (T =1483K)

Le NO réagit instantanément avec l'oxygène pour donner du NO_2

$2NO (g) + O_2 (g) \rightarrow 2NO_2 (g)$

Le taux de production de NO_2 est plus rapide lorsque l'oxyde nitrique réagit avec l'ozone dans la stratosphère.

$NO (g) + O_3 (g) \rightarrow NO_2 (g) + O_2 (g)$

La brume rouge irritante que l'on observe dans les villes où la circulation est intense est due aux oxydes d'azote. Des concentrations élevées de NO_2 endommagent les feuilles des plantes et retardent le rythme de la photosynthèse. Le dioxyde d'azote est un irritant pulmonaire qui peut entraîner une maladie respiratoire aiguë chez les enfants. Il est également toxique pour les tissus vivants. Le dioxyde d'azote est également nocif pour diverses fibres textiles et pour les métaux.

Oxydes de carbone

Le monoxyde de carbone : Le monoxyde de carbone (CO) est l'un des polluants atmosphériques les plus graves. C'est un gaz incolore et inodore, très toxique pour les êtres vivants en raison de sa capacité à bloquer l'apport d'oxygène aux organes et aux tissus.

Mécanisme de l'empoisonnement au CO : Le CO se lie à l'hémoglobine pour former la carboxyhémoglobine, qui est environ 300 fois plus stable que le complexe oxygène-hémoglobine. Dans le sang, lorsque la concentration de carboxyhémoglobine atteint environ 3-4 %, la capacité de transport du sang est fortement réduite. Ce manque d'oxygène entraîne des maux de tête, une baisse de la vue, de la nervosité et des troubles cardiovasculaires.

Il est produit à la suite d'une combustion incomplète du carbone. Le monoxyde de carbone est principalement libéré dans l'air par les gaz d'échappement des voitures. La combustion incomplète du charbon, du bois de chauffage, de l'essence, etc. est une autre source de CO. Le nombre de véhicules a augmenté au fil des ans dans le monde entier. De nombreux véhicules sont mal entretenus et plusieurs d'entre eux sont dotés d'équipements antipollution inadéquats, ce qui entraîne le rejet d'une plus grande quantité de monoxyde de carbone et d'autres gaz polluants.

Le dioxyde de carbone : Le dioxyde de carbone (CO_2) est libéré dans l'atmosphère par la respiration, la combustion de combustibles fossiles à des fins énergétiques et par la décomposition du calcaire lors de la fabrication du ciment. Il est également émis lors des éruptions volcaniques. Le gaz carbonique est confiné dans la troposphère. Normalement, il constitue environ 0,03 % en volume de l'atmosphère.

Avec l'utilisation accrue de combustibles fossiles, une grande quantité de dioxyde de carbone est libérée dans l'atmosphère. L'excès de CO2 dans l'air est éliminé par les plantes vertes, ce qui maintient un niveau approprié de CO2 dans l'atmosphère. Les plantes vertes ont besoin de CO2 pour la photosynthèse et émettent à leur tour de l'oxygène, ce qui maintient un équilibre délicat. La déforestation et la combustion de combustibles fossiles augmentent le niveau de CO2 et perturbent l'équilibre de l'atmosphère. L'augmentation de la quantité de CO2 dans l'air est principalement responsable du réchauffement de la planète.

Polluants particulaires

Les polluants particulaires sont les minuscules particules solides ou gouttelettes liquides présentes dans l'air. Elles sont présentes dans les émissions des véhicules, les particules de fumée des incendies, les particules de poussière et les cendres des industries. Les particules viables, telles que les bactéries, les champignons, les moisissures, les algues, etc. sont de minuscules organismes vivants qui sont dispersés dans l'atmosphère. Les êtres humains sont allergiques à certains des champignons présents dans l'air. Ils peuvent également provoquer des maladies des plantes.

Les particules non viables peuvent être classées comme suit en fonction de leur nature et de leur taille :

(a) Les particules de fumée sont des particules solides ou des mélanges de particules solides et liquides formés lors de la combustion de matières organiques. Il s'agit par exemple de la fumée de cigarette, de la fumée provenant de la combustion de combustibles fossiles, d'ordures et de feuilles sèches, de la fumée de pétrole, etc.

(b) Les poussières sont composées de fines particules solides (de plus de $1\mu m$ de diamètre), produites lors du concassage, du broyage et de l'attribution de matériaux solides. Le sable provenant du sablage, la sciure de bois, le charbon pulvérisé, le ciment et les cendres volantes des usines, les tempêtes de poussière, etc. sont quelques exemples typiques de ce type d'émission de particules.

(c) Les brouillards sont produits par les particules des liquides de pulvérisation et par la condensation des vapeurs dans l'air. Les exemples sont le brouillard d'acide sulfurique et les herbicides et insecticides qui manquent leurs cibles et se déplacent dans l'air et forment des brouillards.

(d) Les fumées sont généralement obtenues par la condensation de vapeurs lors de la sublimation, de la distillation, de l'ébullition et de plusieurs autres réactions chimiques. En général, les solvants organiques, les métaux et les oxydes métalliques forment des particules de fumée.

Les effets des polluants particulaires dépendent largement de la taille des particules. Les particules en suspension dans l'air telles que la poussière, les fumées, le brouillard, etc. sont dangereuses pour la santé humaine. Les polluants particulaires de plus de 5 microns sont susceptibles de se loger dans les voies nasales, tandis que les particules d'environ 10 microns pénètrent facilement dans les poumons.

Smog

Le mot smog est dérivé de fumée et de brouillard. Il s'agit de l'exemple le plus courant de pollution atmosphérique qui se produit dans de nombreuses villes du monde entier. Il en existe deux types

Le smog classique se produit dans un climat frais et humide. Il s'agit d'un mélange de fumée, de brouillard et de dioxyde de soufre. Le mot "smog" a été utilisé initialement pour décrire le "brouillard de fumée" qui prévalait en Angleterre au début et au milieu du siècle dernier. Le charbon était alors largement utilisé pour chauffer les maisons et comme combustible industriel. La principale source du smog classique est la combustion de combustibles industriels et domestiques (charbon et pétrole). En raison de la présence de SO2 et de particules de carbone (suie), le smog classique a un caractère réducteur. Il se produit pendant les mois d'hiver, en particulier aux premières heures du matin. Il provoque une grave irritation des poumons et de la gorge. Il se produit principalement en hiver, surtout le matin, lorsque la température est basse.

Le *Grand Smog de Londres,* ou *Grand Smog de 1952*, parfois appelé "*Big* Smoke"[, est un grave épisode de pollution atmosphérique qui a touché la capitale britannique de Londres en décembre 1952. Une période de temps froid, associée à un anticyclone et à des conditions sans vent, a rassemblé les polluants atmosphériques - provenant principalement de l'utilisation du charbon - pour former une épaisse couche de smog au-dessus de la ville. Ce smog a provoqué des perturbations majeures en réduisant la visibilité et en pénétrant même à l'intérieur des habitations. Il était bien plus grave que les épisodes de smog connus dans le passé, appelés "petits pois". Dans les semaines qui ont suivi, les rapports médicaux du gouvernement ont estimé que 4 000 personnes étaient mortes des suites directes du smog et que 100 000 autres avaient été rendues malades par les effets du smog sur les voies respiratoires humaines. Des recherches plus récentes suggèrent que le nombre total de décès était considérablement plus élevé, soit environ 12 000.

La brume brune asiatique Selon un rapport des scientifiques du Programme des Nations unies pour l'environnement (PNUE), la brume brune asiatique est une couverture de pollution de trois kilomètres de profondeur dans le ciel, qui s'étend sur toute l'Asie du Sud, et qui a été causée par le développement économique rapide de cette partie du monde sans garanties environnementales adéquates. La brume est le résultat d'une augmentation spectaculaire de la combustion de combustibles fossiles dans les véhicules, l'industrie et les centrales électriques, de vastes incendies de forêt en Asie du Sud, de pratiques rurales de brûlage de déchets agricoles et d'émissions provenant de millions de poêles à bois et à bouse de vache inefficaces. Des recherches ont montré que les niveaux d'ensoleillement diminuent chaque année ; la chute de cendres sur les feuilles des plantes due à la brume peut aggraver cet impact. L'acide contenu dans la brume peut également endommager les arbres et les cultures.

Le **smog photochimique** se produit dans un climat chaud, sec et ensoleillé. Les principaux composants du smog photochimique résultent de l'action de la lumière solaire sur les hydrocarbures insaturés et les oxydes d'azote produits par les automobiles et les usines. Le smog photochimique présente une forte concentration d'agents oxydants et est donc appelé smog oxydant. Lorsque les combustibles fossiles sont brûlés, divers polluants sont émis dans la troposphère terrestre. Le smog se forme pendant les mois d'été, surtout l'après-midi, car il a besoin de lumière et est de nature photochimique. Deux des polluants émis sont les hydrocarbures (combustibles non-boueux) et l'oxyde nitrique (NO). Lorsque ces polluants atteignent des niveaux suffisamment élevés, leur interaction avec la lumière du soleil provoque une réaction en chaîne au cours de laquelle le NO se transforme en dioxyde d'azote (NO2). Ce NO2 absorbe à son tour l'énergie de la lumière solaire et se décompose en oxyde nitrique et en atome d'oxygène libre.

$$NO_2\,(g) \text{-----} \blacktriangleright NO(g) + O(g)$$

Les atomes d'oxygène sont très réactifs et se combinent avec le O_2 de l'air pour produire de l'ozone.

$$O(g) + O_2\,(g) \text{-----------} \blacktriangleright \mathbf{O_3}\,(g)$$

L'ozone formé dans la réaction ci-dessus réagit rapidement avec le NO(g) formé dans la réaction précédente pour régénérer le NO2 . Le NO2 est un gaz brun et, à des niveaux suffisamment élevés, il peut contribuer à la formation de la brume sèche.

$$NO\,(g) + O_3\,(g) \rightarrow NO_2\,(g) + O_2\,(g)$$

L'ozone est un gaz toxique et le NO_2 et le O_3 sont tous deux de puissants agents oxydants qui peuvent réagir avec les hydrocarbures nonbumés présents dans l'air pollué pour produire des substances chimiques telles que le formaldéhyde, l'acroléine et le nitrate de peroxyacétyle (PAN).

Effets du smog photochimique Les composants courants du smog photochimique sont l'ozone, le monoxyde d'azote, l'acroléine, le formaldéhyde et le nitrate de peroxyacétyle (PAN). Le smog photochimique cause de graves problèmes de santé. L'ozone et le PAN sont de puissants irritants pour les yeux. L'ozone et le monoxyde d'azote irritent le nez et la gorge et leur concentration élevée provoque des maux de tête, des douleurs thoraciques, une sécheresse de la gorge, une toux et des difficultés respiratoires. Le smog photochimique entraîne la fissuration du caoutchouc et des dommages importants à la vie végétale. Il provoque également la corrosion des métaux, des pierres, des matériaux de construction, du caoutchouc et des surfaces peintes. Le smog photochimique se produit lorsque la lumière du soleil agit sur les polluants des véhicules.

De nombreuses techniques sont utilisées pour contrôler ou réduire la formation du smog photochimique. Si nous contrôlons les précurseurs primaires du smog photochimique, tels que les NO_2 et les hydrocarbures, les précurseurs secondaires tels que l'ozone et le PAN, le smog photochimique sera automatiquement réduit. Les automobiles sont généralement équipées de convertisseurs catalytiques, qui empêchent la libération d'oxyde d'azote et d'hydrocarbures dans l'atmosphère. Certaines plantes, comme le Pinus, le Juniparus, le Quercus, le Pyrus et le Vitis, peuvent métaboliser l'oxyde d'azote et, par conséquent, leur plantation pourrait être utile dans ce domaine.

Pollution automobile : Les automobiles comprennent les voitures, les camions, les motocyclettes et les bateaux (tout ce qui consomme de l'essence). Elles laissent de l'huile, de l'antigel, de la graisse et des métaux dans les rues et les allées. Elles émettent également de l'azote et d'autres contaminants, qui contribuent à la pollution de l'air et de l'eau. Parmi les produits chimiques émis par la pollution automobile figurent les hydrocarbures, les oxydes de carbone, l'azote, le soufre et les particules.

Les *hydrocarbures* sont des composés contenant uniquement du carbone et de l'hydrogène. Il s'agit de combustibles brûlés ou partiellement brûlés qui sont toxiques et contribuent largement au smog. Ils peuvent constituer un problème majeur dans les zones urbaines. Les hydrocarbures impliqués dans la pollution atmosphérique sont des gaz (ou ceux qui sont volatils) dans des conditions ordinaires. La combustion incomplète des véhicules fonctionnant à l'essence et les émissions industrielles représentent 1/6th de tous les hydrocarbures présents dans l'atmosphère. Les émissions mondiales annuelles sont estimées à 57 x IO^7 tonnes par an. Les hydrocarbures peuvent également provenir du milieu naturel, notamment de la décomposition bactérienne de la matière organique, des incendies de forêt et de la végétation.

Les hydrocarbures présents dans l'air n'ont, à eux seuls, aucun effet nocif. Cependant, ils subissent des réactions chimiques en présence de la lumière du soleil et des oxydes d'azote. Ils forment des oxydants photochimiques qui conduisent au smog photochimique. Ce dernier provoque une irritation des yeux et des poumons, entraînant des maladies respiratoires. La combustion incomplète du carburant dans les moteurs automobiles libère du monoxyde de carbone, tandis que la température et la pression élevées à l'intérieur d'un moteur font réagir l'azote de l'air avec l'oxygène, formant ainsi divers oxydes d'azote. La combustion de carburant contenant une forte concentration de soufre est généralement responsable de l'émission d'oxydes de soufre. La suie ou la fumée composée de particules de l'ordre du micromètre, ou particules, est également émise par les moteurs automobiles.

Effet des polluants automobiles : L'exposition prolongée aux hydrocarbures contribue à l'asthme, aux maladies du foie et au cancer, la surexposition à l'empoisonnement au monoxyde de carbone peut être fatale. Les particules ont des effets négatifs sur la santé, y compris, mais sans s'y limiter, les maladies respiratoires. L'huile, les produits pétroliers et autres toxines provenant des automobiles tuent les poissons, les plantes, la vie aquatique et même les personnes. Ces toxines, ainsi que les métaux à l'état de traces et les agents de dégraissage utilisés sur les automobiles, contaminent l'eau potable et peuvent provoquer des maladies graves. Certaines de ces toxines et certains de ces métaux sont absorbés par divers organismes marins et provoquent des maladies chez l'homme lorsqu'il consomme ces organismes. Le NOx est un précurseur du smog et des pluies acides. Les NOx sont un mélange de NO et de NO2. Le NO2 détruit la résistance aux infections respiratoires. Le phosphore et l'azote provoquent une croissance explosive des algues, qui appauvrissent l'eau en oxygène, tuant les poissons et la vie aquatique.

Effets de la pollution de l'air

Réchauffement climatique et effet de serre Environ 75 % de l'énergie solaire qui atteint la terre est absorbée par la surface de la terre, ce qui augmente sa température. Le reste de la chaleur est renvoyé dans l'atmosphère. Une partie de la chaleur est piégée par des gaz tels que le dioxyde de carbone, le méthane, l'ozone, les composés chlorofluorocarbonés (CFC) et la vapeur d'eau dans l'atmosphère. Ainsi, ils contribuent au réchauffement de l'atmosphère. Cela entraîne un réchauffement de la planète.

Dans une serre, les radiations solaires traversent le verre transparent et réchauffent le sol et les plantes. Le sol et les plantes chauds émettent des radiations infrarouges. Comme le verre est opaque aux radiations infrarouges (région thermique), il reflète et absorbe en partie ces radiations. Ce mécanisme permet de garder l'énergie du soleil piégée dans la serre. La Terre est entourée d'une couverture d'air appelée atmosphère, qui maintient la température sur terre constante depuis des siècles. Tout comme le verre d'une serre retient la chaleur du soleil à l'intérieur, l'atmosphère piège la chaleur du soleil près de la surface de la terre et la maintient chaude. C'est ce qu'on appelle l'effet de serre naturel, car il maintient la température et rend la terre parfaite pour la vie.

De même, les molécules de dioxyde de carbone piègent également la chaleur car elles sont transparentes à la lumière du soleil mais pas au rayonnement thermique. Si la quantité de dioxyde de carbone dépasse la proportion délicate de 0,03 %, l'équilibre naturel de l'effet de serre peut être perturbé. Le dioxyde de carbone est le principal responsable du réchauffement de la planète. Outre le dioxyde de carbone, les autres gaz à effet de serre sont le méthane, la vapeur d'eau, l'oxyde nitreux, les CFC et l'ozone. Le méthane est produit naturellement lorsque la végétation est brûlée, digérée ou pourrie en l'absence d'oxygène. De grandes quantités de méthane sont libérées dans les rizières, les mines de charbon, les décharges d'ordures en décomposition et par les combustibles fossiles. Les chlorofluorocarbones (CFC) sont des produits chimiques industriels fabriqués par l'homme et utilisés pour la climatisation, etc. Les CFC endommagent également la couche d'ozone. Le protoxyde d'azote est présent naturellement dans l'environnement. Ces dernières années, leur quantité a considérablement augmenté en raison de l'utilisation d'engrais chimiques et de la combustion de combustibles fossiles. Si ces tendances se poursuivent, la température moyenne de la planète augmentera à un niveau susceptible d'entraîner la fonte des calottes polaires et l'inondation des zones de basse altitude sur toute la planète. L'augmentation de la température mondiale accroît l'incidence des maladies infectieuses comme la dengue, la malaria, la fièvre jaune, la maladie du sommeil, etc.

Les pluies acides

Normalement, l'eau de pluie a un pH de 5,6 en raison de la présence d'ions H+ formés par la réaction de l'eau de pluie avec le dioxyde de carbone présent dans l'atmosphère.

$$H_2 O\ (1) + CO_2\ (g)\ \text{------} \blacktriangleright\ H_2 CO_3\ (aq)$$

$$H_2 CO_3\ (aq)\ \text{------} \blacktriangleright\ H^+\ (aq) + HCO_3{}^-\ (aq)$$

Lorsque le pH de l'eau de pluie tombe en dessous de 5,6, on parle de pluies acides. Les pluies acides désignent la manière dont l'acide de l'atmosphère se dépose sur la surface de la terre. Les oxydes d'azote et de soufre, qui sont acides par nature, peuvent être emportés par le vent avec des particules solides dans l'atmosphère et se déposer finalement soit sur le sol (dépôt sec), soit dans l'eau, le brouillard et la neige (dépôt humide). Les pluies acides sont un sous-produit de diverses activités humaines qui émettent des oxydes de soufre et d'azote dans l'atmosphère.

Comme indiqué précédemment, la combustion de combustibles fossiles (qui contiennent des matières soufrées et azotées) tels que le charbon et le pétrole dans les centrales électriques et les fours ou l'essence et le diesel dans les moteurs à moteur produit du dioxyde de soufre et des oxydes d'azote. Le SO2 et le NO2, après oxydation et réaction avec l'eau, contribuent largement aux pluies acides, car l'air pollué contient généralement des particules qui catalysent l'oxydation.

$$2SO_2\ (g) + O_2\ (g) + 2H_2 O\ (1) \rightarrow 2H_2 SO_4\ (aq)$$

$$4NO_2\ (g) + O_2\ (g) + 2H_2 O\ (1) \rightarrow 4HNO_3\ (aq)$$

Des sels d'ammonium sont également formés et peuvent être vus comme une brume atmosphérique (aérosol de particules fines). Les aérosols d'oxydes ou de sels d'ammonium présents dans les gouttes de pluie donnent lieu à des dépôts humides. Le SO2 est également absorbé directement sur les surfaces terrestres solides et liquides et se dépose ainsi sous forme de dépôt sec. Les pluies acides sont néfastes pour l'agriculture, les arbres et les plantes car elles dissolvent et emportent les nutriments nécessaires à leur croissance. Elles provoquent des affections respiratoires chez les êtres humains et les animaux. Lorsque les pluies acides tombent et s'écoulent sous forme d'eau souterraine pour atteindre les rivières, les lacs, etc., elles affectent les plantes et la vie animale dans l'écosystème aquatique. Elles corrodent les conduites d'eau, ce qui entraîne la lixiviation de métaux lourds tels que le fer, le plomb et le cuivre dans l'eau potable. Les pluies acides endommagent les bâtiments et autres structures en pierre ou en métal. Le Taj Mahal en Inde a été affecté par les pluies acides.

Comment réduire les pluies acides

> en réduisant l'émission de dioxyde de soufre et de dioxyde d'azote dans l'atmosphère.

> utiliser moins de véhicules fonctionnant aux carburants fossiles. Les voitures doivent être équipées de convertisseurs catalytiques pour réduire l'effet des gaz d'échappement sur l'atmosphère. Le composant principal du convertisseur est un nid d'abeille en céramique recouvert de métaux précieux - Pd, Pt et Rh. Les gaz d'échappement contenant du carburant non brûlé, du CO et du NOx, lorsqu'ils traversent le convertisseur à 573 K, sont transformés en CO2 et en N2.

> utiliser des combustibles fossiles à moindre teneur en soufre pour les centrales électriques et les industries - utiliser le gaz naturel qui est un meilleur combustible que le charbon ou utiliser du charbon à moindre teneur en soufre.

> réduire l'acidité du sol en ajoutant du calcaire en poudre pour neutraliser l'acidité du sol.

Taj Mahal et pluies acides L'air autour de la ville d'Agra, où se trouve le Taj Mahal, contient des niveaux assez élevés d'oxydes de soufre et d'azote. Cela est principalement dû à un grand nombre d'industries et de centrales électriques autour de la zone. L'utilisation de charbon de mauvaise qualité, de kérosène et de bois de chauffage comme combustible à des fins domestiques aggrave ce problème. Les pluies acides qui en résultent réagissent avec le marbre, le CaCO3 du Taj Mahal, endommageant ce merveilleux monument qui a attiré des gens du monde entier.

$$CaCO_3 + H_2SO_4 \rightarrow CaSO_4 + H_2O + CO_2$$

En conséquence, le monument est lentement défiguré et le marbre se décolore et perd son lustre.

Pollution stratosphérique

La haute stratosphère est constituée d'une quantité considérable d'ozone (O_3), qui nous protège des rayonnements ultraviolets (UV) nocifs (λ 255 nm) provenant du soleil. Ces radiations provoquent le cancer de la peau (mélanome) chez l'homme. Il est donc important de maintenir le bouclier d'ozone.

Formation et décomposition de l'ozone : L'ozone dans la stratosphère est un produit des radiations UV agissant sur les molécules de dioxygène (O_2). Les rayons UV divisent l'oxygène moléculaire en atomes d'oxygène (O) libres. Ces atomes d'oxygène se combinent avec l'oxygène moléculaire pour former l'ozone.

$$O_2\,(g) \rightarrow O(g) + O(g)$$

$$O(g) + O_2\,(g) \rightarrow O_3\,(g)$$

L'ozone est thermodynamiquement instable et se décompose en oxygène moléculaire. Il existe donc un équilibre dynamique entre la production et la décomposition des molécules d'ozone.

Ces dernières années, des rapports ont fait état de l'appauvrissement de cette couche d'ozone protectrice en raison de la présence de certains produits chimiques dans la stratosphère. La principale raison de l'appauvrissement de la couche d'ozone serait le rejet de *composés chlorofluorocarbonés* (CFC), également connus sous le nom de fréons. Ces composés sont des molécules organiques non réactives, ininflammables et non toxiques. Ils sont donc utilisés dans les réfrigérateurs, les climatiseurs, dans la production de mousse plastique et par l'industrie électronique pour le nettoyage des pièces d'ordinateur, etc. Une fois que les CFC sont libérés dans l'atmosphère, ils se mélangent aux gaz atmosphériques normaux et finissent par atteindre la stratosphère. Dans la stratosphère, ils sont décomposés par les puissants rayons UV, libérant des radicaux libres de chlore.

$CF_2 Cl_2 (g) \text{------} \blacktriangleright Cl \cdot (g) + CF_2 Cl\text{-} (g)$

Le radical chlore réagit ensuite avec l'ozone stratosphérique pour former des radicaux monoxyde de chlore et de l'oxygène moléculaire.

$Cl \cdot (g) + O_3 (g) \rightarrow ClO \cdot (g) + O_2 (g)$

La réaction du radical monoxyde de chlore avec l'oxygène atomique produit davantage de radicaux chlorés.

$ClO\text{-} (g) + O(g) \rightarrow Cl\cdot (g) + O_2 (g)$

Les radicaux de chlore sont continuellement régénérés et provoquent la dégradation de l'ozone. Les CFC sont donc des agents de transport qui génèrent en permanence des radicaux chlorés dans la stratosphère et endommagent la couche d'ozone.

Le trou dans la couche d'ozone Dans les années 1980, des spécialistes de l'atmosphère travaillant en Antarctique ont signalé l'appauvrissement de la couche d'ozone, communément appelé "trou dans la couche d'ozone", au-dessus du pôle Sud. Ils ont découvert qu'un ensemble unique de conditions était à l'origine du trou d'ozone. En été, le dioxyde d'azote et le méthane réagissent avec le monoxyde de chlore et les atomes de chlore pour former des puits de chlore.

$ClO \cdot (g) + NO_2 (g) \rightarrow ClONO_2 (g)$

$Cl' (g) + CH_4 (g) \rightarrow CH_3 \cdot (g) + HCl(g)$

Cela empêche un appauvrissement important de la couche d'ozone, tandis qu'en hiver, un type particulier de nuages, appelés nuages stratosphériques polaires, se forme au-dessus de l'Antarctique. Ces nuages stratosphériques polaires constituent une surface sur laquelle le nitrate de chlore formé s'hydrolyse pour former de l'acide hypochloreux. Il réagit également avec le chlorure d'hydrogène produit par la réaction pour donner du chlore moléculaire.

$ClONO_2 (g) + H_2 O(g) \rightarrow HOCl (g) + HNO_3 (g)$

$ClONO_2 (g) + HCl (g) \rightarrow Cl_2 (g) + HNO_3 (g)$

Lorsque la lumière du soleil revient sur l'Antarctique au printemps, la chaleur du soleil brise les nuages et HOCl et Cl_2 sont photoluminescents par la lumière du soleil, comme le montrent les réactions suivantes

$$HOCl(g) \text{-----------} \blacktriangleright OH \cdot (g) + Cl \cdot (g)$$

$$Cl_2 (g) \text{----------------} \blacktriangleright 2Cl \cdot (g)$$

Les radicaux chlorés ainsi formés déclenchent la réaction en chaîne de l'appauvrissement de la couche d'ozone décrite précédemment.

Effets de l'appauvrissement de la couche d'ozone Avec l'appauvrissement de la couche d'ozone, davantage de rayons UV pénètrent dans la troposphère. Les rayons UV entraînent le vieillissement de la peau, la cataracte, les coups de soleil, le cancer de la peau, la mort de nombreux phytoplanctons, des dommages à la productivité des poissons, etc. Il a également été rapporté que les protéines végétales sont facilement affectées par les radiations UV, ce qui entraîne une mutation nocive des cellules. Ils augmentent également l'évaporation de l'eau de surface à travers les stomates des feuilles et diminuent la teneur en eau du sol. L'augmentation des radiations UV endommage les peintures et les fibres, ce qui accélère leur décoloration.

Contrôle de la pollution atmosphérique

Contrôle de la pollution automobile : La pollution automobile peut être contrôlée en améliorant le rendement du moteur grâce à une meilleure conception de celui-ci. Par exemple, l'injection d'air secondaire qui injecte de l'air dans les orifices d'échappement du moteur, fournit de l'oxygène pour que les hydrocarbures non brûlés et partiellement brûlés dans l'échappement brûlent complètement. De même, les convertisseurs catalytiques sont des dispositifs placés dans le tuyau d'échappement, qui convertissent les hydrocarbures, le monoxyde de carbone et le NO_x en gaz moins nocifs en utilisant une combinaison de platine, de palladium et de rhodium comme catalyseurs.

Le maintien du moteur à son rendement optimal contribue également à réduire la pollution. Il est donc important de surveiller et de maintenir les véhicules en bon état. Mais l'étape la plus importante à cet égard sera de réduire et de minimiser l'utilisation de ces véhicules. Cela peut se faire par le biais du covoiturage ou en améliorant et en promouvant les transports publics afin de réduire l'utilisation des véhicules privés. La promotion et l'utilisation de véhicules électriques peuvent également contribuer à réduire considérablement la pollution atmosphérique.

Utilisation de réfrigérants alternatifs : En pratique, il n'existe pas de réfrigérant parfait.

Tous les candidats, bien que techniquement efficaces en termes d'efficacité énergétique par exemple, ont des propriétés intrinsèques indésirables en matière de santé, de sécurité et d'environnement. Voici les principales catégories de produits chimiques qui sont utilisés/proposés comme alternative aux CFC (chlorofluorocarbones). Il s'agit des HCFC - hydrochlorofluorocarbures, HFC - hydrofluorocarbures HC - hydrocarbures, FC - fluorocarbures, HFE - hydrofluoroéthers FIC - fluoroiodocarbures, HFO - fluoroalcènes, mélanges et mixtures. Dans de nombreux pays, les options de réfrigérant les plus courantes pour les nouveaux systèmes sont actuellement les HFC, les HC, l'ammoniac et le dioxyde de carbone.

Les CFC et les HCFC étaient les réfrigérants standard, mais il a été confirmé dans les années 1980 qu'ils étaient la principale source d'atteinte à la couche d'ozone. Afin de comparer les différentes alternatives, nous comparons leur *ODP et leur GWP*.

Potentiel d'appauvrissement de l'ozone **(PAO)** = quantité d'O_3 appauvrie par le matériau / quantité appauvrie parRl 1 ouR12

Potentiel de réchauffement planétaire **(PRP)** = réchauffement dû à l'unité de masse de matière émise /l réchauffement dû à l'unité de masse de CO_2 ouRll

Les hydrofluorocarbures (HFC) ont dominé le remplacement des CFC et des HCFC, principalement parce qu'ils possèdent des caractéristiques chimiques, thermodynamiques et d'inflammabilité/toxicité similaires. Bien que les HFC aient un PDO négligeable, ils conservent le PRG élevé caractéristique de la plupart des réfrigérants fluorés.

Hydrocarbures (HC) La propriété la plus importante associée aux HC est qu'ils sont tous inflammables (mais peu toxiques), ce qui signifie que des mesures de sécurité supplémentaires doivent être respectées. Les hydrocarbures sont hautement inflammables et, lorsqu'ils sont libérés, ils contribuent à la pollution de la basse atmosphère par l'ozone (smog photochimique). En dehors de ce problème, leur facilité d'application, leur bonne efficacité et leur PRP négligeable en font des réfrigérants intéressants. Les hydrocarbures tels que l'isobutène, le butane et le propane sont utilisés dans certains petits systèmes de charge tels que les appareils ménagers et les petits climatiseurs. Le premier réfrigérateur australien à hydrocarbures, utilisant la technologie "Greenfreeze", a été produit par Email en 1995. Greenfreeze est devenu la technologie dominante des réfrigérateurs en Europe.

Le dioxyde de carbone était probablement le réfrigérant disponible le moins cher. De plus, le CO_2 n'a pas de potentiel d'appauvrissement de la couche d'ozone, son PRG est négligeable et aucun autre problème environnemental grave ne lui est associé. Cependant, dans la pratique, sa capacité de réfrigération est plus faible.

La catastrophe de Bhopal

La tragédie du gaz de Bhopal est une fuite de gaz survenue en Inde et considérée comme l'une des pires catastrophes industrielles au monde. Elle s'est produite dans la nuit du 2 au 3 décembre 1984 dans l'usine de pesticides d'**Union Carbide** India Limited (UCIL) à Bhopal, dans le Madhya Pradesh. Plus de 500 000 personnes ont été exposées au gaz isocyanate de méthyle (MIC) et à d'autres produits chimiques. Le produit chimique hautement toxique s'est répandu dans les bidonvilles situés à proximité de l'usine.

Les estimations varient quant au nombre de morts. Le bilan officiel immédiat est de 2 259 morts. Le gouvernement du Madhya Pradesh a confirmé un total de 3 787 décès liés à la fuite de gaz. Une déclaration sous serment du gouvernement en 2006 indique que la fuite a causé 558 125 blessures, dont 38 478 blessures partielles temporaires et environ 3 900 blessures gravement et définitivement invalidantes. D'autres estiment que 8 000 personnes sont mortes en l'espace de deux semaines et que 8 000 autres, voire plus, sont décédées depuis des maladies liées au gaz.

La cause de la catastrophe fait toujours l'objet d'un débat. Le gouvernement indien et les activistes locaux affirment que le relâchement de la gestion et le report de l'entretien ont créé une situation où l'entretien de routine des tuyaux a provoqué un reflux d'eau dans un réservoir de MIC, déclenchant ainsi la catastrophe. Le MIC étant très réactif, il réagit avec l'eau de manière exothermique.

À l'heure actuelle, les travailleurs ont réalisé que le MIC fuyait lorsque leurs yeux ont commencé à être douloureux. Deux dispositifs de sécurité - l'*épurateur* qui neutralise le gaz avec de la soude caustique et la *tour de torche* - où le gaz peut être brûlé - n'ont pas fonctionné. Le système de réfrigération relié au réservoir de stockage MIC était désactivé depuis juin. Lorsque la température du réservoir MIC a augmenté, la soupape de sécurité s'est ouverte et le MIC s'est échappé. La valve de sécurité est restée ouverte pendant deux heures, libérant 50000 lbs de MIC gazeux et liquide. Le gaz s'est répandu sur une distance de 5 à 8 km sur 40 km². La gare était proche de l'usine - des milliers de personnes sont parties pour des gares éloignées de Bhopal. Le chef adjoint du contrôle de l'électricité est resté sur son lieu de travail et est mort avec le chef de gare qui a alerté la gare voisine pour empêcher les trains d'entrer dans Bhopal.

Le MIC est invariablement accompagné de COCh . L'effet toxique de MIC a été renforcé par COCk Il génère du cyanure <u>dans le </u>corps, ce qui est fatal. Ceux qui ont survécu ont souffert de graves handicaps médicaux - problèmes respiratoires, oculaires, neuromusculaires, gynécologiques, etc.

Chapitre III

LA POLLUTION DES EAUX

Avec deux tiers de la surface de la terre couverts d'eau et le corps humain composé de 75 % d'eau, il est évident que l'eau est l'un des principaux éléments responsables de la vie sur terre. L'eau est utilisée à diverses fins importantes :

*L'eau dans l'agriculture L'*eau joue le rôle le plus important dans l'agriculture. L'agriculture est impossible sans irrigation tout au long de la saison des cultures. L'irrigation assure la bonne croissance des plantes.

L'eau pour l'usage municipal - La demande municipale comprend l'eau pour les usages domestiques, les usages commerciaux, le lavage des rues, l'irrigation des pelouses et des jardins, la protection contre les incendies. Dans le secteur domestique, l'eau est généralement utilisée pour la boisson, le lavage des toilettes, le jardinage et la préparation des aliments.

L'eau pour les industries - L'eau est utilisée en grande quantité dans les industries telles que la sidérurgie, les produits chimiques, les engrais, les textiles, le ciment, l'électricité, la pétrochimie et le papier. Ces industries ont besoin d'eau pour diverses raisons : refroidissement, production d'électricité, nettoyage, protection contre les incendies, climatisation, etc.

L'eau pour la production d'électricité - Les centrales thermiques nécessitent également un grand volume d'eau pour le refroidissement et l'élimination des cendres volantes. L'eau est utilisée pour la production d'énergie thermique.

L'eau pour la navigation - Les voies navigables sont un moyen de transport important. Le transport par voie d'eau est moins cher que par route ou par chemin de fer. Les principales voies navigables sont le Gange dans la région orientale et le Brahmapoutre dans la région du nord-est, qui représentent plus de 60 % du trafic.

L'eau pour les poissons, la faune sauvage et les loisirs - Les poissons, la faune sauvage et les installations de loisirs jouent un rôle important dans la vie de la nation et un approvisionnement adéquat en eau pour leur développement continu et important. La natation, la navigation de plaisance, la pêche sont d'importantes activités récréatives de plein air qui sont impossibles sans eau.

Équilibrer l'écosystème - L'eau n'est pas seulement importante pour les êtres humains, elle joue également un rôle important dans l'équilibre de l'ensemble de l'écosystème de diverses manières :

- Par sa présence dans l'atmosphère, il absorbe la chaleur du soleil.
- L'eau de pluie affouille les collines et transporte les sédiments dans les rivières, les vallées, etc.
- La percolation de l'eau dans les croûtes rocheuses participe à la formation des dépôts minéraux.
- Dans les régions polaires, l'eau, sous la forme des calottes glaciaires, influence les changements climatiques et géographiques.

Le cycle hydrologique

Le cycle hydrologique est le mouvement cyclique de l'eau contenant des processus de base continus comme l'évaporation, les précipitations et le ruissellement. Il s'agit d'un cycle continu qui commence par l'évaporation des masses d'eau telles que les océans. Le réchauffement de l'eau des océans par le soleil est le processus clé qui maintient le cycle hydrologique en mouvement. L'eau s'évapore, puis tombe sous forme de précipitations (pluie, grêle, neige, grésil, bruine ou brouillard). Sur leur chemin vers la Terre, certaines précipitations peuvent s'évaporer ou, lorsqu'elles tombent sur la terre, être interceptées par la végétation avant d'atteindre le sol.

Évaporation

Lorsque l'eau est chauffée par le soleil, les molécules de surface sont suffisamment énergisées pour se libérer de la force d'attraction qui les lie, puis elles s'évaporent et s'élèvent dans l'atmosphère sous forme de vapeur invisible.

Transpiration

La vapeur d'eau est également émise par les feuilles des plantes par un processus appelé transpiration. Chaque jour, une plante en pleine croissance transpire 5 à 10 fois plus d'eau qu'elle ne peut en contenir.

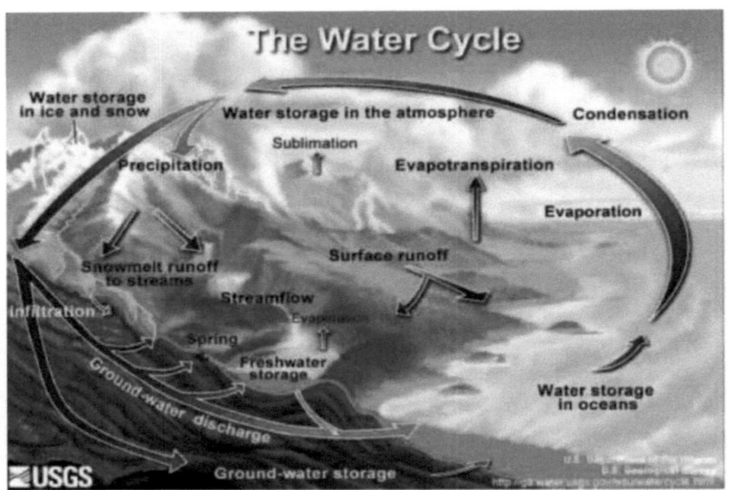

Avec l'aimable autorisation de l'U.S. Geological Survey.

Condensation

Lorsque la vapeur d'eau s'élève, elle se refroidit et finit par se condenser, généralement sur de minuscules particules de poussière dans l'air ou d'autres particules aussi petites que des spores, des grains de pollen ou de fines particules minérales. De petites gouttelettes (0,04 mm) de liquide condensé restent sous forme de nuage dans l'atmosphère. La vapeur ainsi produite se condense autour des particules de poussière et se précipite finalement sous forme de pluie, de grêle ou de neige sous l'effet de la gravité.

Précipitations

Les précipitations sous forme de pluie, de neige et de grêle proviennent des nuages. Les nuages se déplacent dans le monde, propulsés par les courants d'air. Par exemple, lorsqu'ils s'élèvent au-dessus des chaînes de montagnes, ils se refroidissent et deviennent tellement saturés en eau que celle-ci commence à tomber sous forme de pluie, de neige ou de grêle, en fonction de la température de l'air environnant.

Ruissellement

Des pluies excessives ou la fonte des neiges peuvent produire un écoulement de surface vers les ruisseaux et les fossés. Le ruissellement est l'écoulement visible de l'eau dans les rivières, les ruisseaux et les lacs lorsque l'eau stockée dans le bassin s'évacue.

Percolation

Une partie des précipitations et de la fonte des neiges se déplace vers le bas, percole ou s'infiltre à travers les fissures, les joints et les pores du sol et des roches jusqu'à ce qu'elle atteigne la nappe phréatique où elle devient une eau souterraine.

Eaux souterraines

L'eau souterraine est retenue dans les fissures et les espaces interstitiels. Selon la géologie, l'eau souterraine peut s'écouler pour alimenter des cours d'eau. Elles peuvent également être exploitées par des puits. Certaines eaux souterraines sont très anciennes et peuvent être présentes depuis des milliers d'années.

La nappe phréatique

La nappe phréatique est le niveau auquel se trouve l'eau dans un puits peu profond.

La pollution aquatique

La pollution de l'eau peut être définie comme la contamination des cours d'eau, lacs, mers, eaux souterraines ou océans par des substances nocives pour les êtres vivants. L'industrialisation et l'explosion démographique sont deux facteurs importants de la pollution de l'eau. L'eau peut être qualifiée de polluée lorsque les paramètres suivants, mentionnés ci-dessous, dépassent une concentration déterminée dans l'eau.

i) *Paramètres physiques. La* couleur, l'odeur, la turbidité, le goût, la température et la conductivité électrique constituent les paramètres physiques et sont de bons indicateurs de la contamination. Par exemple, la couleur et la turbidité sont des preuves visibles d'une eau polluée.

■ Couleur verte, vert-bleu, brune ou rouge - Indique la croissance d'algues - Niveaux élevés de pollution par les nutriments, provenant de déchets organiques, d'engrais ou d'eaux usées non traitées.

■ Eau boueuse, trouble - Indique des niveaux élevés de sédiments en suspension, donnant à l'eau un aspect boueux ou trouble - L'érosion est la source la plus courante de niveaux élevés de solides en suspension dans l'eau. L'érosion est la source la plus courante de niveaux élevés de solides en suspension dans l'eau.

■ Couleur de l'eau rouge foncé, violet, bleu, noir - Peut indiquer une pollution par des colorants organiques - Provenant de fabricants de vêtements ou d'usines textiles

■ Couleur orange-rouge de l'eau - Peut indiquer la présence de cuivre - Le cuivre peut être à la fois un polluant et une présence naturelle. Les occurrences non naturelles peuvent résulter du drainage minier acide ou de l'écoulement de puits de pétrole.

■ Couleur bleue - Peut indiquer la présence de cuivre, qui peut provoquer des irritations de la peau et la mort des poissons - Le cuivre est parfois utilisé comme pesticide, auquel cas une odeur acre (aiguë) peut également être présente.

■ Mousse dans l'eau - Peut indiquer la présence de savon ou de détergent - Une mousse excessive est généralement le résultat d'une pollution par le savon et les détergents. Des niveaux modérés de mousse peuvent également résulter d'algues en décomposition, ce qui indique une pollution par les nutriments.

■ Multicouleur (reflet huileux) - Indique la présence d'huile ou d'essence flottant à la surface de l'eau. Le pétrole et l'essence peuvent provoquer un empoisonnement, une brûlure interne du tractus gastro-intestinal et des ulcères d'estomac. La pollution par l'huile et l'essence peut être causée par les pratiques de forage et d'extraction du pétrole, les fuites dans les conduites de carburant et les réservoirs de stockage souterrains, les parcs à ferraille pour automobiles, les stations-service à proximité, les déchets des navires ou le ruissellement des routes et des surfaces de stationnement imperméables.

■ Aucune couleur inhabituelle - N'indique pas nécessairement que l'eau est propre - De nombreux pesticides, herbicides, produits chimiques et autres polluants sont incolores ou ne produisent aucun signe visible de contamination.
Une odeur nauséabonde ou un goût amer ou différent de la normale indiquent également une pollution et rendent l'eau impropre à la consommation.

■ Odeur sulfureuse (œufs pourris) - Peut indiquer la présence d'une pollution organique - Déchets domestiques ou industriels possibles

■ Odeur de moisi - Peut indiquer la présence de pollution organique - Possibilité de rejet d'eaux usées, de déchets d'élevage, d'algues en décomposition ou de décomposition d'une autre pollution organique.

■ Odeur âpre - Peut indiquer la présence de produits chimiques, une possible pollution industrielle ou par des pesticides.

■ Odeur de chlore - Peut indiquer la présence d'un effluent surchloré - station d'épuration des eaux usées ou industrie chimique.

■ Pas d'odeur inhabituelle - Ce n'est pas nécessairement un indicateur de la propreté de l'eau. De nombreux pesticides et herbicides provenant du ruissellement agricole et forestier sont incolores et inodores, tout comme de nombreux produits chimiques rejetés par l'industrie.

ii) *Paramètres chimiques :* Ils comprennent la quantité de carbonates, de sulfates, de chlorures, de fluorures, de nitrates et d'ions métalliques. Ces produits chimiques forment le total des solides dissous, présents dans l'eau.

iii) *Paramètres biologiques* : Les paramètres biologiques comprennent des matières comme les algues, les champignons, les virus, les protozoaires et les bactéries. Les formes de vie présentes dans l'eau sont affectées dans une large mesure par la présence de polluants. Les polluants présents dans l'eau peuvent entraîner une réduction de la population des plantes et des animaux, qu'ils soient inférieurs ou supérieurs. Ainsi, les paramètres biologiques donnent une indication indirecte du degré de pollution de l'eau.

Pollution de l'eau et polluants de l'eau

La pollution de l'eau est la contamination des masses d'eau, généralement à la suite d'activités humaines. Une augmentation de la concentration de substances présentes dans la nature est également qualifiée de pollution. Les sources de cette augmentation peuvent être naturelles ou anthropiques. Par exemple, l'envasement (qui comprend des particules de sol, de sable et de minéraux) peut se produire dans un corps naturel à la suite de facteurs naturels ou anthropiques. Il s'agit d'un phénomène naturel courant, qui se produit dans la plupart des masses d'eau. L'augmentation du limon à la suite d'une inondation est l'une de ces sources naturelles.

D'autre part, les activités humaines qui entraînent la pollution de l'eau sont appelées sources anthropiques ou artificielles de pollution de l'eau. Tout envasement dû à une déforestation ou à une exploitation minière extensive est de nature anthropique. D'autres exemples incluent les eaux usées domestiques, les déchets industriels et agricoles, etc. Certaines matières qui sont lessivées des terres par les eaux de ruissellement et qui pénètrent dans les différents plans d'eau appartiennent également à cette catégorie.

La pollution peut être causée par diverses substances qui peuvent être de nature biologique, chimique ou physique.

Agents biologiques - Organismes pathogènes tels que les virus, les bactéries, les protozoaires, les vers et les organismes envahissants (comme la moule zébrée).

Agents chimiques - Les polluants chimiques peuvent être organiques ou inorganiques. Les polluants inorganiques comprennent les nitrates, les phosphates, les acides, les sels et les métaux lourds toxiques. Les polluants organiques comprennent les huiles, l'essence, les pesticides, les teintures, les peintures, le plastique, les détergents, les retardateurs de flamme, les PCB ou d'autres matières organiques mortes (comme les excréments).

Agents physiques - Les agents physiques comprennent les solides en suspension, ou sédiments (comme les particules de sol). L'érosion du sol due à l'exploitation minière, à la déforestation, au ruissellement urbain et à l'agriculture entraîne la présence de sédiments dans les cours d'eau,

Pollution thermique (eau froide ou eau chaude) - La pollution thermique est l'augmentation ou la diminution de la température d'une masse d'eau naturelle causée par l'influence humaine. - L'eau froide est libérée en aval des barrages, ce qui nuit aux poissons indigènes en aval. L'utilisation de l'eau comme liquide de refroidissement par les centrales électriques et les fabricants industriels entraîne le rejet d'eau à température élevée. Cela diminue les niveaux d'oxygène, ce qui peut tuer les poissons et modifier la composition de la chaîne alimentaire, réduire la biodiversité des espèces et favoriser l'invasion par de nouvelles espèces thermophiles. L'eau chaude des centrales électriques tue des milliards d'œufs de poisson.

La pollution de l'eau peut également être classée en pollution des eaux de surface ou des eaux souterraines.

Pollution des eaux de surface : Lorsque des polluants pénètrent dans un ruisseau, une rivière ou un lac, cela donne lieu à une pollution des eaux de surface. La pollution des eaux de surface a un certain nombre de sources. Celles-ci peuvent être classées comme suit :

Sources ponctuelles et non ponctuelles

Les sources bien définies qui émettent des polluants ou des effluents directement dans différentes masses d'eau douce sont appelées **sources ponctuelles.** Les déchets domestiques et industriels sont des exemples de ce type. Les sources ponctuelles de pollution peuvent être contrôlées efficacement. En revanche, les **sources non ponctuelles** de pollution de l'eau sont dispersées ou réparties sur de vastes zones. Ce type de sources émet des polluants indirectement par le biais de changements environnementaux et représente la majorité des contaminants dans les cours d'eau et les lacs. Par exemple, l'eau contaminée qui s'écoule des fermes agricoles, des sites de construction, des mines abandonnées, pénètre dans les cours d'eau et les lacs. Il est plus difficile de contrôler les sources non ponctuelles.

Pollution des eaux souterraines

Lorsque l'eau polluée s'infiltre dans le sol et pénètre dans un aquifère, il en résulte une pollution des eaux souterraines. Dans la plupart de nos villages et de nos communes, les eaux souterraines sont la seule source d'eau potable. Par conséquent, la pollution des eaux souterraines est une question très préoccupante. Les eaux souterraines sont polluées de plusieurs façons. Le déversement d'eaux usées brutes sur le sol, les fosses d'infiltration et les fosses septiques provoquent la pollution des eaux souterraines.

Les couches poreuses du sol retiennent les particules solides tandis que le liquide peut passer à travers. Les polluants solubles peuvent ainsi se mélanger aux eaux souterraines. En outre, l'utilisation excessive d'engrais azotés et le rejet incontrôlé de déchets toxiques et même de substances cancérigènes par les unités industrielles entraînent souvent un lent ruissellement à travers la surface du sol et un mélange avec les eaux souterraines. Ce problème est très grave, surtout dans les zones où la nappe phréatique est haute (c'est-à-dire où l'eau est disponible près de la surface de la terre). L'eau souterraine peut se déplacer sur de grandes distances en raison du grand espace vide disponible sous la surface de la terre. Ainsi, si des impuretés s'infiltrent dans l'eau souterraine en un point, elles peuvent être observées en un autre point très éloigné du point d'origine. Dans un tel cas, il est difficile d'estimer la source de pollution de l'eau. Cependant, les impuretés en suspension et les contaminants bactériens sont éliminés dans le processus d'infiltration par le sol qui agit comme un absorbant et un filtre, et l'eau qui agit comme un solvant. Comme le mouvement des eaux souterraines à travers la roche poreuse est très lent, les polluants qui se mélangent aux eaux souterraines ne sont pas facilement dilués. En outre, les eaux souterraines n'ont pas accès à l'air (contrairement aux eaux de surface) et l'oxydation des polluants en produits inoffensifs n'a donc pas lieu dans les eaux souterraines. La pollution de l'eau due à l'activité humaine peut être divisée en plusieurs catégories

Polluants des eaux usées (déchets domestiques et municipaux) - Les eaux usées contiennent des ordures, des savons, des détergents, des déchets alimentaires et des excréments humains et constituent la principale source de pollution de l'eau. Les micro-organismes pathogènes (bactéries, champignons, protozoaires, algues) pénètrent dans le système d'eau par les eaux usées et l'infectent. La typhoïde, le chloéra, la gastro-entérite et la dysenterie sont généralement causés par la consommation d'eau infectée. L'eau polluée par les eaux usées peut être porteuse de certaines autres bactéries et virus. Ils sont à l'origine d'un certain nombre de maladies, telles que la polio et l'hépatite virale. Les autres ingrédients qui pénètrent dans les différents plans d'eau sont les nutriments pour les plantes, c'est-à-dire les nitrates et les phosphates. Ils favorisent la croissance des algues, communément appelées efflorescences algales (espèces bleu-vert). Ce processus est appelé eutrophisation.

Polluants industriels - De nombreuses industries sont situées à proximité de rivières ou de cours d'eau douce. Elles sont responsables du déversement de leurs effluents non traités dans les rivières, notamment des métaux lourds hautement toxiques tels que le chrome, l'arsenic, le plomb, le mercure, etc. ainsi que des déchets organiques et inorganiques dangereux (acides, alcalis, cyanures, chlorures, etc.). Le Gange reçoit les déchets des usines de textile, de sucre, de papier et de pâte à papier, ainsi que les déchets des tanneries, des industries du caoutchouc et des pesticides. La plupart de ces polluants résistent à la dégradation par les micro-organismes (ils sont dits non biodégradables) et peuvent donc nuire à la croissance des cultures et rendre l'eau impropre à la consommation.

Les usines fabriquant du plastique, de la soude caustique et certains fongicides et pesticides rejettent du mercure (un métal lourd) avec d'autres effluents dans les masses d'eau voisines. Le mercure entre dans la chaîne alimentaire par le biais des bactéries, des algues, des poissons et finalement dans le corps humain. La toxicité du mercure a été mise en évidence par la tragédie de la baie de Minamata, au Japon, entre 1953 et 1960. Les poissons sont morts à cause de la consommation de mercure et ceux qui ont mangé du poisson ont été touchés par l'empoisonnement au mercure et un certain nombre d'entre eux sont morts. Les symptômes les plus bénins de l'empoisonnement au mercure sont la dépression et l'irritabilité, mais les effets toxiques aigus peuvent entraîner la paralysie, la cécité, la folie, des malformations congénitales et même la mort. La forte concentration de mercure dans l'eau et dans les tissus des poissons résulte de la formation de l'ion monométhylmercure soluble, $[CH_3 , Hg^+]$ et du diméthylmercure volatil $[(CH_3) 2 Hg]$ par des bactéries anaérobies dans les sédiments.

Polluants agricoles - Le fumier, les engrais, les pesticides, les déchets provenant des fermes, des abattoirs, des élevages de volailles, les sels et le limon sont évacués par ruissellement des terres agricoles. Les masses d'eau qui reçoivent de grandes quantités d'engrais (phosphates et nitrates ou fumier) deviennent riches en nutriments, ce qui entraîne une eutrophisation et, par conséquent, un appauvrissement de l'oxygène dissous. La consommation d'eau riche en nitrates est mauvaise pour la santé humaine, en particulier pour les jeunes enfants. Les pesticides (DDT, dieldrine, aldrine, malathion, carbaryl, etc.) sont utilisés pour tuer les insectes et les rongeurs nuisibles. Les résidus toxiques de pesticides pénètrent dans le corps humain par l'eau potable ou par la chaîne alimentaire (bioamplification). Ces composés ont une faible solubilité dans l'eau mais sont très solubles dans les graisses. Par exemple, la concentration de DDT dans l'eau d'une rivière peut être très faible, mais certains poissons accumulent au fil du temps une telle quantité de DDT qu'ils deviennent impropres à la consommation humaine. L'utilisation de pesticides dans notre pays augmente très rapidement. Certains de ces produits chimiques hautement toxiques sont métabolisés par les animaux qui paissent dans les champs. Par conséquent, ces produits chimiques toxiques ont souvent été observés dans la chaîne alimentaire humaine. La présence de ces produits chimiques chez l'homme, même en quantités infimes, peut provoquer un déséquilibre hormonal et entraîner un cancer.

Polluants physiques

Polluants radioactifs Les nucléides radioactifs que l'on trouve dans l'eau sont le radium et le potassium 40. Ces isotopes proviennent de sources naturelles en raison de la lixiviation des minéraux. Les masses d'eau sont également polluées par des fuites accidentelles de déchets provenant des mines d'uranium et de thorium, des centrales nucléaires et des industries, des laboratoires de recherche et des hôpitaux qui utilisent des radio-isotopes. Les matières radioactives pénètrent dans le corps humain par l'eau et les aliments, et peuvent s'accumuler dans le sang et certains organes vitaux. Elles provoquent des tumeurs et des cancers.

Polluants thermiques Diverses industries, centrales nucléaires et centrales thermiques ont besoin d'eau pour se refroidir et l'eau chaude qui en résulte est souvent déversée dans les rivières ou les lacs. Cela entraîne une pollution thermique et un déséquilibre de l'écologie du plan d'eau. Une température plus élevée réduit le niveau d'oxygène dissous (qui est essentiel pour la vie marine) en diminuant la solubilité de l'oxygène dans l'eau. Les poissons et autres organismes aquatiques peuvent être affectés par un changement soudain de la température de l'eau.

Les sédiments : Les particules de sol transportées vers les cours d'eau, les lacs ou les océans forment les sédiments. Les sédiments deviennent polluants lorsqu'ils sont présents en grande quantité. L'érosion des sols, c'est-à-dire le sol transporté par les eaux de ruissellement ou de crue des terres cultivées, est responsable de la sédimentation. Les sédiments peuvent endommager la masse d'eau en introduisant une grande quantité de matières nutritives.

Produits pétroliers : Le pétrole brut et les autres produits connexes pénètrent généralement dans l'eau par déversement accidentel à partir de navires, de pétroliers, de pipelines, etc. Outre ces déversements accidentels, les raffineries de pétrole, les sites d'exploration pétrolière et les centres de service automobile polluent différents plans d'eau. La nappe de pétrole qui flotte à la surface de l'eau entraîne la mort de la vie marine et affecte gravement l'écosystème de l'océan.

Savons et détergents : Le savon est constitué des sels de sodium ou de potassium de divers acides gras, mais surtout des acides oléique, stérique, palmitique, laurique et myristique. Le savon est fabriqué par une réaction d'hydrolyse alcaline appelée saponification. Il produit de la mousse grâce à son action à l'interface air-eau, et il fait passer la graisse des mains sales dans l'eau savonneuse grâce à son action à l'interface eau-huile (graisse). Les savons réagissent avec les minéraux présents dans l'eau, ce qui entraîne la formation de cailloux, ou écume, qui les rend insolubles dans l'eau.

Les détergents sont des produits chimiques ménagers de nettoyage utilisés pour le lavage du linge et de la vaisselle. Ils contiennent des agents mouillants et des émulsifiants à base d'agents de surface synthétiques non savonneux. Les détergents synthétiques en poudre sont constitués d'agents tensioactifs, d'adjuvants et de charges. Elles contiennent en outre des additifs tels que des agents antiredéposition, des azurants pour fibres optiques (agents de blanchiment), des agents de bleuissement, des agents de blanchiment, des régulateurs de mousse, des agents séquestrants organiques, des enzymes, des parfums et des substances qui régulent la densité et assurent la croustillance du matériau sur lequel elles sont utilisées.

Les savons sont fabriqués à partir de ressources naturelles telles que les graisses et les huiles, tandis que les détergents sont des composés chimiques fabriqués à partir de matières synthétiques. Les sels de calcium et de magnésium du savon sont insolubles dans l'eau, contrairement aux détergents. Ils ne sont pas non plus aussi facilement solubles dans les eaux dures que les détergents. Cette propriété des savons est due au fait que les savons réagissent avec les minéraux présents dans l'eau, ce qui entraîne la formation de cailloux, ou écume, qui les rend insolubles dans l'eau.

Les détergents peuvent réagir avec les ions de l'eau dure, mais les produits qui en résultent sont soit solubles, soit restent colloïdaux et dispersés dans l'eau. Cependant, l'utilisation accrue de détergents entraîne une pollution de l'environnement. De nombreux détergents disponibles sur le marché sont à base de phosphates. Les phosphates sont une source majeure de pollution de l'eau qui provoque des maladies humaines et animales. Le principal problème des détergents à base de phosphates est qu'ils favorisent l'eutrophisation des milieux aquatiques.

La loi sur la protection de l'environnement en Inde (1989) reconnaît le phosphore comme un produit chimique polluant. Malgré cela, son utilisation est en hausse. Le tripolyphosphate de sodium (STPP) est un adjuvant utilisé dans les détergents qui élimine les minéraux de l'eau dure comme les ions calcium et magnésium pour augmenter l'efficacité des détergents. Ils agissent également comme agents défloculants pour empêcher la redéposition de la saleté. Les STPP sont nocifs car ils contribuent à l'eutrophisation des cours d'eau bien qu'ils soient biodégradables. Le pourcentage de STPP dans les détergents en Inde peut atteindre 35 % et doit être réduit.

L'eutrophisation est un processus par lequel un plan d'eau s'enrichit lentement en nutriments végétaux tels que les nitrates et les phosphates, en raison de l'érosion du sol et du ruissellement des terres environnantes. Le mot "eutrophisation" est dérivé du mot grec qui signifie "bien nourri" (eu:vrai, trophosTeeding). L'eutrophisation d'un plan d'eau est due à la libération d'une grande quantité de nutriments par l'action des bactéries aérobies sur les déchets organiques qui pénètrent dans le plan d'eau naturellement ou par l'activité humaine.

Un système d'eau tel qu'un lac ou un réservoir peut recevoir un afflux important de matières organiques provenant des déchets domestiques et du ruissellement des terres environnantes. L'augmentation de la population humaine, l'agriculture intensive et la croissance industrielle rapide ont entraîné une augmentation des rejets d'ordures ménagères, de résidus agricoles, de déchets industriels et de ruissellement dans divers plans d'eau. Les nutriments sont libérés des déchets organiques par les bactéries aérobies (qui ont besoin d'oxygène) qui commencent à les décomposer. L'oxygène dissous est consommé au cours de ce processus. Plus la quantité de matière organique qui pénètre dans un plan d'eau est importante, plus la désoxygénation du plan d'eau est importante et plus la production de nutriments est importante. Ces nutriments fertilisent une croissance anormale d'algues et d'autres grandes plantes aquatiques telles que les lentilles d'eau. Au fur et à mesure que les plantes poussent, certaines d'entre elles meurent également en raison d'une demande d'oxygène plus importante et donc d'un manque d'oxygène dans le plan d'eau (c'est-à-dire une désoxygénation du plan d'eau). Un tel plan d'eau est dit eutrophisé et le processus est appelé eutrophisation.

La bioamplification est l'augmentation des concentrations de substances à mesure que l'on monte dans la chaîne alimentaire. Les polluants doivent avoir une longue durée de vie afin de provoquer une bioamplification. Ils doivent également être mobiles, afin de pouvoir pénétrer facilement dans les systèmes biologiques par le biais de la nourriture ou de l'eau. S'il n'est pas mobile, il peut rester à l'intérieur d'un organisme et ne sera pas transmis au niveau tropique suivant. S'ils sont solubles dans les graisses, ils ont tendance à rester dans le corps des organismes pendant une période plus longue. En outre, pour que la bioamplification se produise, le polluant doit être biologiquement actif. Par exemple, le DDT est un hydrocarbure chloré qui peut être bioaccumulé. Il est toxique pour les insectes et a une demi-vie de 15 ans. Les métaux lourds comme le mercure, le plomb, le cadmium, le zinc sont également toxiques et peuvent être bioamplifiés. Par exemple, le DDT est pulvérisé pour lutter contre les moustiques à une concentration censée être inoffensive pour les organismes non ciblés comme les poissons et les oiseaux. Le DDT s'est accumulé dans les marais et les planctons. Les planctons ont été mangés par les poissons et ces derniers avaient une concentration plus élevée de DDT dans leur corps. De plus, lorsque les oiseaux ont mangé les poissons, ils ont accumulé une concentration encore plus élevée. Cette augmentation de la concentration de produits chimiques toxiques accumulés à mesure que l'on s'élève dans la chaîne alimentaire est appelée bioamplification. Elle a parfois menacé la reproduction et la survie des carnivores (consommateurs secondaires) qui occupent le niveau le plus élevé de la chaîne alimentaire.

Bioaccumulation Elle est définie comme l'augmentation de la concentration d'une ou plusieurs substances dans un organisme ou une partie de cet organisme. Les substances toxiques sont lipophiles ou aiment les graisses, raison pour laquelle ces substances se déposent et se concentrent dans les tissus adipeux des organismes. L'organisme affecté présente une concentration de la substance plus élevée que la concentration dans le milieu environnant de l'organisme. Les substances toxiques sont très lentement métabolisées ou excrétées. Ainsi, si l'organisme continue à consommer des proies ou des aliments contaminés par des substances toxiques, la concentration de la substance augmentera encore dans son corps, d'où la bioaccumulation. Lorsqu'un certain seuil est atteint, mesuré en parties par million (ppm), les symptômes dus au type de toxine se manifestent.

Des exemples de substances toxiques qui se bioaccumulent sont le plomb, le mercure, le dichlorodiéthyltrichloroéthane (DDT), entre autres. Ce phénomène se produit au fil du temps. Ces substances peuvent être des métaux lourds, des pesticides ou des produits chimiques organiques. Ces substances peuvent pénétrer dans les systèmes par l'eau ou les aliments. La bioaccumulation se produit via les chaînes alimentaires. Les niveaux tropiques inférieurs de la chaîne alimentaire accumulent une concentration moindre de substances que les niveaux tropiques supérieurs. En général, le corps dispose de mécanismes permettant d'éliminer tous les produits indésirables et toxiques de l'organisme. La bioaccumulation se produit lorsque le taux d'accumulation est beaucoup plus élevé que le taux d'élimination. Ainsi, si la durée de vie d'une substance est plus longue, son impact est également plus important. En général, les reins sont chargés d'éliminer la majorité des substances indésirables de l'organisme. Le sang les transporte dans les reins, puis, par filtration et réabsorption sélective, l'urine est produite. Pour que les substances toxiques soient éliminées par l'urine, elles doivent être solubles dans l'eau. Les substances bioaccumulatives sont normalement liposolubles et ne peuvent être décomposées en plus petites molécules. Elles ont donc tendance à rester dans l'organisme.

La bioaccumulation est l'augmentation de la concentration d'une substance dans un organisme, tandis que la bioamplification est l'augmentation du niveau à mesure que l'on monte dans la chaîne alimentaire. La bioaccumulation se produit à l'intérieur d'un niveau tropique et la bioamplification se produit entre les niveaux tropiques.

Paramètres de qualité de l'eau Afin de surveiller la qualité de l'eau, certains paramètres sont contrôlés de manière à pouvoir identifier toute variation de la qualité de l'eau et prendre des mesures correctives. Certains de ces paramètres sont présentés ci-dessous.

L'oxygène dissous désigne le niveau d'oxygène libre, non composé, présent dans l'eau ou d'autres liquides. Il s'agit d'un paramètre important dans l'évaluation de la qualité de l'eau en raison de son influence sur les organismes vivant dans une masse d'eau. La teneur optimale en oxygène dissous dans les eaux naturelles est de 4 à 6 ppm. L'oxygène dissous est nécessaire à de nombreuses formes de vie, notamment les poissons, les invertébrés, les bactéries et les plantes. Ces organismes utilisent l'oxygène dans leur respiration, comme les organismes terrestres. Les poissons et les crustacés obtiennent l'oxygène nécessaire à leur respiration par leurs branchies, tandis que les végétaux et le phytoplancton ont besoin d'oxygène dissous pour respirer lorsqu'il n'y a pas de lumière pour la photosynthèse. Les microbes tels que les bactéries et les champignons ont également besoin d'oxygène dissous. Ces organismes utilisent l'oxygène dissous pour décomposer les matières organiques au fond d'une masse d'eau. L'oxygène dissous pénètre dans l'eau par l'air ou comme sous-produit des plantes. Depuis l'air, l'oxygène peut se diffuser lentement à la surface de l'eau à partir de l'atmosphère environnante, ou être mélangé rapidement grâce à l'aération, qu'elle soit naturelle ou artificielle. L'aération de l'eau peut être provoquée par le vent (qui crée des vagues), les rapides, les chutes d'eau, l'écoulement des eaux souterraines ou d'autres formes d'eau courante. Les causes artificielles de l'aération varient d'une pompe à air d'aquarium à une roue à eau tournée à la main, en passant par un grand barrage. L'oxygène dissous est également produit comme déchet de la photosynthèse du phytoplancton, des algues, des algues marines et d'autres plantes aquatiques. La réaction de base de la photosynthèse aquatique demeure :

$CO_2 + H_2O \rightarrow (CH_2O) + O_2$

La photosynthèse aquatique étant dépendante de la lumière, l'oxygène dissous produit atteindra son maximum pendant la journée et diminuera la nuit. La décomposition microbienne contribue de manière importante au recyclage des nutriments. Toutefois, s'il y a un excès de matières organiques en décomposition (provenant d'algues et d'autres organismes en train de mourir), dans un plan d'eau où le renouvellement de l'eau est peu fréquent ou inexistant (également connu sous le nom de stratification), l'oxygène des niveaux d'eau inférieurs sera utilisé plus rapidement. Si les concentrations d'oxygène dissous tombent en dessous d'un certain niveau, le taux de mortalité des poissons augmente.

Une mortalité de poissons se produit lorsqu'un grand nombre de poissons dans une zone d'eau meurent. Il peut s'agir d'une mortalité par espèce ou d'une mortalité à l'échelle de l'eau. Les mortalités de poissons peuvent se produire pour un certain nombre de raisons, mais un faible taux d'oxygène dissous est souvent un facteur. Une mortalité hivernale est une mortalité de poissons causée par une réduction prolongée de l'oxygène dissous due à la présence de glace ou de neige sur un lac ou un étang. Les mortalités de poissons sont plus fréquentes dans les lacs eutrophes, c'est-à-dire les lacs présentant des concentrations élevées de nutriments (en particulier de phosphore et d'azote). Les niveaux élevés de nutriments alimentent la prolifération des algues, ce qui peut initialement augmenter les niveaux d'oxygène dissous. Mais plus d'algues signifie plus de respiration végétale, ce qui réduit l'oxygène dissous, et lorsque les algues meurent, la décomposition bactérienne s'accélère, consommant la plupart ou la totalité de l'oxygène dissous disponible. Cela crée un environnement anoxique, ou pauvre en oxygène, dans lequel les poissons et autres organismes ne peuvent pas survivre. De tels niveaux de nutriments peuvent se produire naturellement, mais ils sont plus souvent causés par la pollution provenant du ruissellement des engrais ou des eaux usées mal traitées.

La demande biochimique en oxygène ou DBO est un procédé chimique permettant de déterminer la quantité d'oxygène dissous nécessaire aux organismes biologiques aérobies d'une masse d'eau pour décomposer la matière organique présente dans un échantillon d'eau donné, à une certaine température et pendant une période spécifique. Il ne s'agit pas d'un test quantitatif précis, bien qu'il soit largement utilisé comme indication de la qualité organique de l'eau. Il est le plus souvent exprimé en milligrammes d'oxygène consommé par litre d'échantillon pendant 5 jours (DBO5) d'incubation à 20° C et est souvent utilisé comme un substitut robuste du degré de pollution organique de l'eau. Il s'agit d'une mesure directe du besoin en oxygène et d'une mesure indirecte de la matière organique biodégradable.

La DBO affecte directement la quantité d'oxygène dissous dans les rivières et les ruisseaux. Le taux de consommation d'oxygène est affecté par un certain nombre de variables : la température, le pH, la présence de certains types de micro-organismes et le type de matières organiques et inorganiques présentes dans l'eau. Plus la quantité de déchets organiques dans le plan d'eau est importante, plus la quantité d'oxygène nécessaire à leur décomposition biologique est élevée, et donc plus la valeur de la DBO de l'eau est élevée. Plus la DBO est élevée, plus l'oxygène s'épuise rapidement dans le cours d'eau. Cela signifie que moins d'oxygène est disponible pour les formes supérieures de vie aquatique. Les conséquences d'une DBO élevée sont les mêmes que celles d'une faible teneur en oxygène dissous : les organismes aquatiques sont stressés, suffoquent et meurent.

Cette valeur est une bonne mesure pour évaluer le degré de pollution d'une masse d'eau. Les eaux moins polluées présentent une valeur de DBO comparativement faible. Sa valeur est utilisée comme critère pour gérer la pollution de l'eau d'un plan d'eau. L'eau potable a généralement une DBO de 1mg/L. L'eau est considérée comme assez pure avec une DBO de 3mg/L, mais lorsque la valeur de la DBO atteint 5mg/L, l'eau est d'une pureté douteuse.

La demande chimique en oxygène (DCO) est une mesure de la capacité de l'eau à consommer de l'oxygène pendant la décomposition de la matière organique et l'oxydation des produits chimiques inorganiques tels que l'ammoniac et les nitrites. La demande chimique en oxygène est mesurée au moyen d'un test de laboratoire standardisé dans lequel un échantillon d'eau fermé est incubé avec un oxydant chimique puissant dans des conditions de température spécifiques et pendant une période de temps particulière. Un oxydant couramment utilisé dans les essais de DCO est le dichromate de potassium (K2Cr2O7) qui est utilisé en combinaison avec de l'acide sulfurique bouillant (H2SO4).

L'oxygène chimiquement lié dans le dichromate de potassium K2Cr2O7 est utilisé pour oxyder les matières organiques. Lorsque le dichromate de potassium est épuisé, l'ion Cr^{+3} est produit. La quantité de dichromate utilisée est proportionnelle à la quantité de matières organiques présentes. De même, la quantité d'ion Cr^{+3} présente est proportionnelle à la quantité de matières organiques digérées.

Organique + $K_2 Cr_2 O$? (Orange) ------ ▶ Cr^{+3} (Vert)

Les mesures de la DCO sont généralement effectuées sur des échantillons d'eaux usées ou d'eaux naturelles contaminées par des déchets domestiques ou industriels. La DCO est encore une fois une mesure relative : plus la DCO est élevée, plus l'eau est sale. La DCO et la DBO ne se remplacent pas l'une l'autre. Étant donné que cet oxydant chimique n'est pas spécifique aux produits chimiques consommateurs d'oxygène qui sont organiques ou inorganiques, ces deux sources de demande en oxygène sont mesurées dans un dosage de la DCO.

La DCO présente l'avantage, par rapport à la DBO, que l'analyse peut être effectuée en quelques heures, alors que la DBO nécessite 5 jours. Le principal inconvénient du test DCO est la présence de produits chimiques dangereux et l'élimination des déchets toxiques. La DBO a tendance à être faible en raison de la présence d'humus (difficilement décomposable par les micro-organismes). La DCO a tendance à être plus élevée en raison de l'oxydation des espèces inorganiques. Le bichromate est un oxydant puissant - il oxydera non seulement presque toutes les substances organiques mais aussi de nombreux métaux et ions non métalliques.

L'alcalinité est une mesure chimique de la capacité de l'eau à neutraliser les acides. L'alcalinité est également une mesure du pouvoir tampon de l'eau ou de sa capacité à résister aux changements de pH lors de l'ajout d'acides ou de bases. L'alcalinité des eaux naturelles est principalement due à la présence de sels acides faibles, bien que des bases fortes puissent également y contribuer (par exemple OH^-) dans des environnements extrêmes. Les bicarbonates représentent la principale forme d'alcalinité dans les eaux naturelles ; leur source est le partage du CO_2 de l'atmosphère et l'altération des minéraux carbonatés dans les roches et les sols. D'autres sels d'acides faibles, comme les borates, les silicates, l'ammoniac, les phosphates et les bases organiques provenant de la matière organique naturelle, peuvent être présents en petites quantités. Par convention, l'alcalinité est exprimée en mg/L de $CaCO_3$, car la majeure partie de l'alcalinité provient de l'altération des minéraux carbonatés.

Ni l'alcalinité ni l'acidité n'ont d'effets néfastes connus sur la santé. Néanmoins, les eaux fortement acides et alcalines sont considérées comme peu appétissantes. La connaissance de ces paramètres peut être importante car :

(1) L'alcalinité d'une masse d'eau fournit des informations sur la sensibilité de cette masse d'eau aux apports acides tels que les pluies acides.

(2) La turbidité est souvent éliminée de l'eau potable par coagulation et floculation. Ce processus libère H^+ dans l'eau. L'alcalinité doit être supérieure à celle détruite par le H^+

libéré pour que la coagulation soit efficace et complète.

(3) Les eaux dures sont souvent adoucies par des méthodes de précipitation. L'alcalinité de l'eau doit être connue afin de calculer les besoins en chaux ($Ca(OH)_2$) et en carbonate de soude (Na_2CO_3) pour la précipitation.

(4) L'alcalinité est importante pour contrôler la corrosion dans les systèmes de tuyauterie.

(5) Le bicarbonate (HCO_3^-) et le carbonate (CO_3^{2-}) peuvent se complexer avec d'autres éléments et composés, modifiant ainsi leur toxicité, leur transport et leur devenir dans l'environnement.

Dureté L'un des facteurs qui déterminent la qualité d'un approvisionnement en eau est son degré de dureté. La dureté de l'eau est la mesure traditionnelle de la capacité de l'eau à réagir avec le savon, une eau dure nécessitant beaucoup plus de savon pour produire de la mousse. La dureté est définie comme la teneur en ions calcium et magnésium. La dureté est généralement exprimée en parties par million (ppm) de carbonate de calcium (en poids).

Une eau dont la dureté est de 100 ppm contient l'équivalent de 100 g de $CaCO_3$ dans 1 million de g d'eau ou 0,1 g dans 1 L d'eau (ou 1000 g d'eau puisque la densité de l'eau est d'environ 1 g/mL). Selon la quantité de CaCO3 (ppm) présente dans l'échantillon d'eau, l'eau peut être classée comme suit : 0-43 (douce) ; 43-150 (légèrement dure) ; 150-300 (modérément dure) ; 300-450 (dure) ; 450 (eau très dure).

La dureté est généralement remarquée en raison de la difficulté à faire mousser le savon et de la formation d'une écume dans la baignoire. Ca^{2+} et Mg^{2+} forment des sels insolubles avec les savons, ce qui provoque la précipitation de l'écume de savon. Un autre effet de l'eau dure est le "tartre de chaudière". Lorsque l'eau dure entre en contact avec des carbonates dissous, un précipité de carbonate de calcium insoluble se forme. Ce "tartre" peut s'accumuler à l'intérieur des canalisations d'eau à tel point que celles-ci se bouchent presque complètement. La dureté de l'eau peut être facilement déterminée par titrage avec un agent chélateur comme l'EDTA (acide éthylènediamine-tétraacétique).

Les ***chlorures*** sont lessivés à partir de diverses roches dans le sol et dans l'eau par les intempéries. L'ion chlorure est très mobile et est transporté vers des bassins fermés ou des océans. Le seuil de goût de l'anion chlorure dans l'eau dépend du cation associé. Les seuils de goût pour le chlorure de sodium et le chlorure de calcium dans l'eau sont de l'ordre de 200300 mg/litre. Aucune valeur guide basée sur la santé n'est proposée pour le chlorure dans l'eau potable. Le chlorure est présent dans les eaux de surface et les eaux souterraines à partir de sources naturelles et anthropiques, telles que les eaux de ruissellement contenant des sels de déglaçage des routes, l'utilisation d'engrais inorganiques, les lixiviats de décharges, les effluents de fosses septiques, les aliments pour animaux, les effluents industriels, le drainage de l'irrigation et l'intrusion d'eau de mer dans les zones côtières.

Fluorure De faibles niveaux de fluorure dans l'eau potable entraînent l'incorporation de fluorure dans les dents pendant les années de formation des enfants, ce qui rend les dents résistantes à la carie et au développement des caries dentaires. Mais une forte consommation de fluorure a des effets à court et à long terme. Une exposition aiguë à un niveau élevé de fluorure provoque immédiatement des douleurs abdominales, une salivation excessive, des nausées et des vomissements. Des convulsions, des spasmes musculaires, une fibrillation musculaire et un engourdissement de la bouche peuvent également se produire. L'effet à long terme d'un excès de fluorure dans l'eau semble créer une fluorose qui se manifeste par une fluorose dentaire, squelettique et non squelettique.

Dans le cas de la fluorose dentaire, l'excès de fluorure provoque généralement un jaunissement des dents, des taches blanches et des piqûres ou des marbrures sur l'émail. L'éclat ou le lustre naturel des dents disparaît. Au stade précoce, les dents sont d'un blanc crayeux, puis deviennent progressivement jaunes, brunes ou noires. Cette maladie a surtout des implications esthétiques et ne comporte aucun traitement. L'apport excessif de fluorure peut également entraîner un fléau lent et progressif appelé fluorose squelettique. Elle provoque des douleurs et des dommages aux os et aux articulations. La fluorose squelettique peut toucher aussi bien les jeunes que les personnes âgées. On peut avoir des douleurs dans les articulations. Les articulations qui sont normalement touchées par la fluorose squelettique sont le cou, la hanche, l'épaule et le genou. Le fluor se dépose principalement dans ces articulations et rend la marche difficile et les mouvements douloureux. Une rigidité ou une raideur des articulations s'installe également. À un stade avancé, les vertèbres peuvent fusionner et la victime peut devenir infirme.

Outre les os et les dents, une consommation excessive de fluorure peut endommager ou avoir des effets néfastes sur d'autres tissus mous, organes et systèmes, que l'on appelle fluorose non squelettique. Presque tous les systèmes du corps, y compris les muscles, le foie, les reins, le sang, le système cardiovasculaire et le système reproducteur, sont affectés. Les symptômes comprennent des troubles gastro-intestinaux, une perte d'appétit, des douleurs à l'estomac, une constipation suivie d'une diarrhée intermittente. La faiblesse musculaire et les manifestations neurologiques entraînant une soif excessive, une tendance à uriner plus fréquemment sont courantes chez les personnes touchées. Des problèmes cardiaques peuvent survenir en raison de la production de cholestérol. Les avortements répétés ou les naissances d'enfants mort-nés, l'infertilité masculine due à des anomalies du sperme font également partie des complications.

La limite admissible de fluorure dans l'eau potable est de 1,5mg/L par l'OMS, de 1,0 mg/L par l'ICMR et de 0,6 à 1,2 mg/L par le BIS. En Inde, le problème est plus prononcé dans les régions suivantes : Andhra Pradesh, Bihar, Gujarat, Madhya Pradesh, Punjab, Rajasthan, Tamil Nadu et Uttar Pradesh.

La contamination des eaux souterraines par les ***nitrates (NO_3^-)*** est principalement due à l'utilisation intensive d'engrais. Le lessivage des nitrates vers les eaux souterraines est dû à l'application excessive d'engrais azotés, à l'absence de pratiques appropriées de gestion des sols et des eaux, aux fosses septiques et à l'élimination inadéquate des déchets domestiques. La teneur en nitrates des eaux souterraines sert de base à la détection de la pollution.

Le niveau de nitrate dans les eaux souterraines a augmenté au cours des trois dernières décennies. La limite admissible de nitrate dans l'eau potable est de 45mg/L par l'OMS, 50 mg/L par l'ICMR et 100 mg/L par le BIS. Les nourrissons de moins d'un an sont particulièrement exposés à des quantités excessives de nitrates, car ils provoquent la méthémoglobinémie, communément appelée syndrome du bébé bleu, en bloquant la capacité de transport de l'oxygène de l'hémoglobine, lorsqu'environ 70 % de l'hémoglobine totale a été transformée en méthémoglobine. Les nourrissons sont les plus exposés à la contamination par les nitrates car ils ont une enzyme métallique peu développée, un volume sanguin relativement faible et une plus grande réactivité de l'hémoglobine fœtale. Une autre préoccupation est que le nitrate peut être converti par les bactéries du tube digestif en nitrosamines qui sont potentiellement cancérigènes.

Il a été prouvé que les niveaux élevés de nitrates présents dans l'eau potable sont à l'origine de nombreux problèmes de santé dans le monde entier, tels que les cancers gastro-intestinaux, la méthémoglobinémie, la maladie d'Alzheimer, la démence vasculaire et la sclérose en plaques chez les êtres humains. La contamination par les nitrates entraîne également l'eutrophisation des masses d'eau.

Les métaux toxiques dans l'eau et leurs effets

Il est courant de trouver des traces de métaux dans l'eau, et ceux-ci ne sont normalement pas dangereux pour notre santé. En fait, certains métaux sont essentiels au maintien de la vie. Le calcium, le magnésium, le potassium et le sodium doivent être présents pour les fonctions normales du corps. Certains minéraux sont utiles à la santé humaine et animale à petites doses, au-delà desquelles ils sont toxiques. Le zinc (Zn), le cuivre (Cu), le fer (Fe), etc. entrent dans cette catégorie. Le cobalt, le cuivre, le fer, le manganèse, le molybdène, le sélénium et le zinc sont nécessaires à faible dose en tant que catalyseurs des activités enzymatiques. L'eau potable contenant des niveaux élevés de ces métaux essentiels, ou des métaux toxiques tels que l'aluminium, l'arsenic, le baryum, le cadmium, le chrome, le plomb, le mercure, le sélénium et l'argent, peut être dangereuse pour notre santé. Certains éléments tels que le plomb (Pb), l'arsenic (As), le mercure (Hg), le chrome (Cr), en particulier le chrome hexavalent, le nickel (Ni), le baryum (Ba), le cadmium (Cd), le cobalt (Co), le sélénium (Se), le vanadium (V), etc. sont très nocifs, toxiques et vénéneux, même en ppb (parties par milliard).

La pollution de l'environnement par les métaux et minéraux dangereux peut provenir de sources naturelles et anthropiques. Les sources naturelles sont les suivantes : infiltration de roches dans l'eau, activité volcanique, feux de forêt, etc. D'autres sources de contamination par les métaux sont la corrosion des tuyaux et les fuites des sites d'élimination des déchets. Avec l'industrialisation rapide et le style de vie consumériste, les sources de pollution de l'environnement ont augmenté. La pollution se produit tant au niveau de la production industrielle que de l'utilisation finale des produits et des écoulements. Voici quelques-unes des sources de pollution par les métaux lourds

> Chrome (Cr)-Mine, réfrigérants industriels, fabrication de sels de chrome, tannage du cuir.

> Plomb (Pb) batteries au plomb, peintures, déchets électroniques, opérations de fonte, centrales thermiques au charbon, céramiques, industrie des bracelets.

> Mercure (Hg) Usines de chlore et de soude caustique, centrales thermiques, lampes fluorescentes, déchets hospitaliers (thermomètres, baromètres, sphygmomanomètres endommagés), appareils électriques, etc.

> Cadmium (Cd) Fusion du zinc, piles usagées, déchets électroniques, boues de peinture, incinérations et combustion de carburant.

Dans les écosystèmes urbains, ces contaminants métalliques, tels que le plomb, le zinc, le cuivre, le cadmium, le mercure, le nickel et le fer, se déposent dans le sol. La pollution par les métaux lourds des sources d'eau de surface et souterraines entraîne une pollution considérable des sols et la pollution augmente lorsque les minerais extraits sont déversés à la surface du sol pour être traités manuellement. Le déversement en surface expose les métaux à l'air et à la pluie, ce qui génère de nombreuses eaux de drainage minier acide (DMA). Les animaux qui s'abreuvent dans des eaux polluées, ainsi que les animaux marins qui se reproduisent dans des eaux polluées par des métaux lourds, accumulent également ces métaux dans leurs tissus et dans leur lait, s'ils sont allaités. En résumé, tous les organismes vivants d'un écosystème donné sont diversement contaminés tout au long de leurs cycles de la chaîne alimentaire.

Les effets biotoxiques des métaux lourds font référence aux effets nocifs des métaux lourds sur l'organisme lorsqu'ils sont consommés au-delà des limites bioréglementées. Bien que chaque métal présente des signes spécifiques de sa toxicité, les signes suivants ont été signalés comme étant des signes généraux associés à l'empoisonnement aux métaux lourds : troubles gastro-intestinaux (GI), diarrhée, tremblements, paralysie, vomissements, insuffisance rénale, cirrhose du foie, perte de cheveux et maladies anémiques chroniques, etc. Elles peuvent également entraîner une dégradation du système immunitaire, des dommages au système nerveux et une nervosité accrue. Les doses toxiques de produits chimiques ont des effets aigus (à court terme) ou chroniques (à long terme) sur la santé. Parmi les exemples d'effets chroniques sur la santé, citons le cancer, les malformations congénitales, les lésions organiques, les troubles du système nerveux et les dommages au système immunitaire.

Le plomb est un élément dangereux ; il est nocif même en petites quantités. Le plomb pénètre dans le corps humain de nombreuses façons. Il peut être inhalé dans la poussière des peintures au plomb, ou dans les gaz résiduels de l'essence au plomb. On le trouve à l'état de traces dans divers aliments, notamment les poissons, qui sont fortement soumis à la pollution industrielle. Certaines vieilles maisons peuvent avoir des canalisations d'eau en plomb, qui peuvent alors contaminer l'eau potable. La majeure partie du plomb que nous absorbons est éliminée de notre organisme par l'urine ; toutefois, le risque d'accumulation demeure, en particulier chez les enfants.

Le plomb est considéré comme la première menace pour la santé des enfants, et les effets du saturnisme peuvent durer toute la vie. L'ingestion de métaux tels que le plomb et le cadmium peut présenter de grands risques pour la santé humaine. Les métaux à l'état de traces comme le plomb et le cadmium interfèrent avec les nutriments essentiels d'apparence similaire, comme le calcium et le zinc. En raison des similitudes de taille et de charge, le plomb peut se substituer au calcium et être inclus dans les os. Les enfants sont particulièrement sensibles au plomb car le développement du système squelettique nécessite des niveaux élevés de calcium. Le plomb qui est stocké dans les os n'est pas nocif, mais si des niveaux élevés de calcium sont ingérés plus tard, le plomb dans l'os peut être remplacé par le calcium et mobilisé. Une fois libre dans le système, le plomb peut provoquer une néphrotoxicité, une neurotoxicité et une hypertension. Non seulement l'empoisonnement au plomb retarde la croissance de l'enfant, endommage le système nerveux et provoque des difficultés d'apprentissage, mais il est également lié à la criminalité et au comportement antisocial des enfants. L'exposition au plomb est cumulative au fil du temps. De fortes concentrations de plomb dans l'organisme peuvent entraîner la mort ou des dommages permanents au système nerveux central, au cerveau et aux reins. Ces dommages se traduisent généralement par des problèmes de comportement et d'apprentissage (comme l'hyperactivité), des problèmes de mémoire et de concentration, une pression artérielle élevée, des problèmes auditifs, des maux de tête, un ralentissement de la croissance, des problèmes de reproduction chez les hommes et les femmes, des problèmes digestifs, des douleurs musculaires et articulaires. Un effet particulièrement grave de la toxicité du plomb est son effet tératogène.

Le ***cadmium*** est généralement classé parmi les oligo-éléments toxiques. On le trouve en très faible concentration dans la plupart des roches, ainsi que dans le charbon et le pétrole et souvent en combinaison avec le zinc. Les dépôts géologiques de cadmium peuvent servir de sources pour les eaux souterraines et de surface, en particulier lorsqu'ils sont en contact avec des eaux douces et acides. Il est introduit dans l'environnement par les peintures et les pigments, ainsi que par les stabilisateurs de plastique ; les opérations minières et de fusion et les opérations industrielles, notamment la galvanoplastie, le retraitement des déchets de cadmium et l'incinération des plastiques contenant du cadmium. Les autres émissions de cadmium proviennent de l'utilisation de combustibles fossiles, de l'application d'engrais et de l'élimination des boues d'épuration. Le cadmium peut pénétrer dans l'eau potable en raison de la corrosion des tuyaux galvanisés. Les lixiviats des décharges sont également une source importante de cadmium dans l'environnement.

Le cadmium est toxique à des niveaux extrêmement bas. Le cadmium qui est absorbé par l'organisme y reste généralement. Le cadmium semble s'accumuler avec l'âge, en particulier dans les reins, et peut entraîner des cancers et des maladies cardiovasculaires. Il peut également provoquer des maladies osseuses et rénales chez les populations exposées à l'eau potable contaminée par l'industrie et des dysfonctionnements pulmonaires et rénaux chez les travailleurs industriels exposés au cadmium atmosphérique. Le cadmium inhalé est plus dangereux que le cadmium ingéré. À faible dose, le cadmium peut provoquer de la toux, des maux de tête et des vomissements. À plus fortes doses, le cadmium peut s'accumuler dans le foie et les reins, et remplacer le calcium dans les os, ce qui entraîne des troubles osseux douloureux et une insuffisance rénale. Le rein est considéré comme l'organe cible critique chez les humains exposés de façon chronique au cadmium par ingestion.

Mercure Le mercure d'origine naturelle a été largement distribué par des processus naturels tels que l'activité volcanique. L'utilisation du mercure dans les processus industriels a considérablement augmenté après la révolution industrielle du XIXe siècle. Le mercure est ou a été utilisé comme cathode dans la production électrolytique de chlore et de soude caustique, dans les appareils électriques (lampes, redresseurs à arc, cellules à mercure), dans les instruments industriels et de contrôle (interrupteurs, thermomètres, baromètres), dans les appareils de laboratoire et comme matière première pour divers composés du mercure. Ces derniers sont utilisés comme fongicides, antiseptiques, agents de conservation, produits pharmaceutiques, électrodes et réactifs. Le mercure a également été largement utilisé dans les amalgames dentaires.

Les niveaux naturels de mercure dans les eaux souterraines et de surface sont inférieurs à 0,5 µg/litre, bien que des dépôts minéraux locaux puissent produire des niveaux plus élevés dans les eaux souterraines. Une augmentation de la concentration de mercure peut se produire là où l'activité volcanique est fréquente. Le niveau maximal de contamination du mercure est fixé à 2 µg/litre par l'Agence américaine de protection de l'environnement pour l'eau potable.

Le mercure provoque de graves perturbations dans tous les tissus avec lesquels il entre en contact en concentration suffisante, mais les deux principaux effets de l'empoisonnement au mercure sont des troubles neurologiques et rénaux. Le mercure est toxique et n'a aucune fonction connue dans la biochimie et la physiologie humaines. Les formes inorganiques du mercure provoquent des avortements spontanés, des malformations congénitales et des troubles gastro-intestinaux.

La maladie de Minamata est un empoisonnement au méthylmercure (MeHg) qui s'est produit chez des humains ayant ingéré des poissons et des crustacés contaminés par le

MeHg rejeté dans les eaux usées d'une usine chimique (Chisso Co. Ltd.). Elle a été causée par le rejet de méthylmercure dans les eaux usées industrielles (pollution ponctuelle) de l'usine chimique de la société Chisso, qui s'est poursuivie de 1932 à 1968. L'usine de Chisso Minamata a commencé à produire de l'acétaldéhyde en 1932, produisant 210 tonnes cette année-là. En 1951, la production était passée à 6 000 tonnes par an, soit plus de 50 % de la production totale du Japon. La réaction chimique utilisée pour produire l'acétaldéhyde utilisait du sulfate de mercure comme catalyseur. Une réaction secondaire du cycle catalytique a conduit à la production d'une petite quantité d'un composé organique du mercure, à savoir le méthylmercure. Ce composé hautement toxique a été rejeté dans la baie de Minamata depuis le début de la production en 1932 jusqu'en 1968, date à laquelle cette méthode de production a été abandonnée. Ce produit chimique hautement toxique s'est bioaccumulé dans les coquillages et les poissons de la baie de Minamata et de la mer de Shiranui, qui, consommés par la population locale, ont provoqué un empoisonnement au mercure. Alors que les décès de chats, de chiens, de porcs et d'humains se sont poursuivis pendant plus de 30 ans, le gouvernement et l'entreprise n'ont pas fait grand-chose pour empêcher la pollution.

C'est en mai 1956 que la maladie de Minamata a été officiellement "découverte" pour la première fois dans la ville de Minamata, dans la région sud-ouest de l'île de Kyushu au Japon. Les produits marins de la baie de Minamata présentaient des niveaux élevés de contamination par le Hg (5 à 36 ppm). La teneur en Hg dans les cheveux des patients, de leur famille et des habitants du littoral de la mer de Shiranui a également été détectée à des niveaux élevés de Hg (max. 705 ppm). Pendant cette période, des preuves anecdotiques surprenantes du comportement étrange des chats et d'autres animaux sauvages dans les zones entourant les maisons des patients ont été rapportées. À partir de 1950 environ, on a vu des chats avoir des convulsions, devenir fous et mourir. Les habitants l'appelaient la "maladie de la danse des chats", en raison de leurs mouvements erratiques. Les corbeaux étaient tombés du ciel, les algues ne poussaient plus sur les fonds marins et les poissons flottaient morts à la surface de la mer.

Les symptômes typiques de la maladie de minamata sont les suivants : troubles sensoriels (de type gant et bas), ataxie, dysarthrie, constriction du champ visuel, troubles auditifs et tremblements ont également été observés. De plus, les fœtus ont été empoisonnés par le MeHg lorsque leur mère a ingéré de la vie marine contaminée (nommée maladie de Minamata congénitale.). Les symptômes des patients étaient graves, et des lésions étendues du cerveau ont été observées. Alors que le nombre de cas graves de maladie de minamata aiguë au stade initial diminuait, le nombre de patients atteints de maladie de minamata chronique qui manifestaient des symptômes progressivement sur une longue période était en augmentation. Au cours des 36 dernières années, sur les 2252 patients qui ont été officiellement reconnus comme atteints de la maladie de minamata, 1043 sont décédés.

Maladies d'origine hydrique

Le terme de maladie hydrique est réservé en grande partie aux infections qui se transmettent principalement par contact ou consommation d'eau infectée. Les maladies d'origine hydrique sont causées par des micro-organismes pathogènes qui se transmettent le plus souvent dans de l'eau douce contaminée. L'infection se produit généralement lors du bain, du lavage, de la boisson, de la préparation des aliments ou de la consommation d'aliments infectés. Des pratiques domestiques adéquates en matière d'eau et d'assainissement peuvent accroître la résilience face aux risques de maladies d'origine hydrique. Ces mesures comprennent l'évacuation des eaux usées, l'utilisation de canalisations d'eau sûres et leur stockage, ainsi que l'éducation aux comportements hygiéniques.

Choléra

Le choléra est une maladie infectieuse qui provoque une diarrhée aqueuse grave, pouvant entraîner une déshydratation et même la mort si elle n'est pas traitée. Il est causé par la consommation d'aliments ou d'eau contaminés par une bactérie appelée *Vibrio cholera. Le Vibrio cholerae, la* bactérie responsable du choléra, se trouve généralement dans les aliments ou l'eau contaminés par les matières fécales d'une personne atteinte de l'infection. Les sources courantes sont les suivantes :

- Contamination des approvisionnements en eau des municipalités
- Glace fabriquée à partir d'eau municipale contaminée

- Aliments et boissons vendus par des vendeurs ambulants
- Légumes cultivés avec de l'eau contenant des déchets humains
- Poissons et fruits de mer crus ou insuffisamment cuits, pêchés dans des eaux polluées par des eaux usées.

En raison de la déshydratation sévère, les taux de mortalité sont élevés en l'absence de traitement, en particulier chez les enfants et les nourrissons. La mort peut survenir en quelques heures chez des adultes par ailleurs en bonne santé. C'est normalement la déshydratation qui entraîne la mort par choléra. Le traitement le plus important consiste donc à administrer une solution d'hydratation orale (SRO), également appelée thérapie de réhydratation orale (TRO). Ce traitement consiste en de grands volumes d'eau mélangés à un mélange de sucre et de sels. Les antibiotiques peuvent raccourcir la durée de la maladie, mais l'OMS ne recommande pas l'utilisation massive d'antibiotiques pour le choléra, en raison du risque croissant de résistance bactérienne. Les médicaments antidiarrhéiques ne sont pas utilisés car ils empêchent l'élimination de la bactérie par l'organisme.

Dysenterie

Il existe deux principaux types de dysenterie. Le premier type, la *dysenterie amibienne* ou *amibiase intestinale,* est causé par un parasite microscopique unicellulaire vivant dans le gros intestin. Le second type, la *dysenterie bacillaire,* est causé par une bactérie invasive. Les infections bactériennes sont de loin les causes les plus courantes de la dysenterie. Ces infections comprennent les espèces de bactéries *Shigella, Campylobacter, E. coli* et *Salmonella.* Les deux types de dysenterie surviennent surtout dans les pays chauds. Le manque d'hygiène et d'assainissement augmente le risque de dysenterie en propageant le parasite ou la bactérie qui en est la cause par le biais d'aliments ou d'eau contaminés par des excréments humains infectés.

L'amibiase intestinale est causée par un parasite protozoaire, *Entamoeba histolytica.* Les gens courent un risque élevé de contracter le parasite par le biais de la nourriture et de l'eau si l'eau destinée à l'usage domestique n'est pas séparée des eaux usées. Les parasites peuvent également pénétrer par la bouche lorsque les mains sont lavées dans de l'eau contaminée. Si les gens négligent de se laver correctement avant de préparer la nourriture, celle-ci peut être contaminée. Les fruits et les légumes peuvent être contaminés s'ils sont lavés dans de l'eau polluée ou s'ils sont cultivés dans un sol fertilisé par des déchets humains. Le principal symptôme de la dysenterie est une diarrhée fréquente, quasi liquide, mouchetée de sang, de mucus ou de pus. Les autres symptômes sont les suivants : apparition soudaine d'une forte fièvre et de frissons, douleurs abdominales, crampes et ballonnements, flatulences (émission de gaz), urgence d'aller à la selle, sensation de vidange incomplète, perte d'appétit, perte de poids, maux de tête, fatigue, vomissements, déshydratation.

Les médicaments antiparasitaires tels que le métronidazole* et l'iodoquinol, sont couramment utilisés pour traiter la dysenterie causée par l'amibiase. Les antibiotiques comme la ciprofloxacine, l'ofloxacine, l'iévofloxacine ou l'azithromycine sont utilisés pour traiter les organismes responsables de la dysenterie bacillaire. Il est très important de remplacer les liquides perdus par la diarrhée. En cas de diarrhée sévère, des solutions commerciales de réhydratation orale sont généralement nécessaires.

Typhoïde

La fièvre typhoïde est une maladie aiguë associée à une fièvre causée par la bactérie *Salmonella Typhi*. Elle peut également être causée par *Salmonella paratyphi,* une bactérie apparentée qui provoque généralement une maladie moins grave. La bactérie est déposée dans l'eau ou les aliments par un porteur humain et se transmet ensuite aux autres personnes de la région. La fièvre typhoïde est contractée en buvant ou en mangeant la bactérie dans de l'eau ou des aliments contaminés. Les personnes souffrant d'une maladie aiguë peuvent contaminer les réserves d'eau environnantes par leurs selles, qui contiennent une forte concentration de la bactérie. La contamination de l'approvisionnement en eau peut, à son tour, altérer l'approvisionnement en nourriture. La bactérie peut survivre pendant des semaines dans l'eau ou les eaux usées séchées.

Les personnes atteintes de la fièvre typhoïde ont généralement une fièvre soutenue pouvant aller de 39° à 40° C (103° à 104° F). Elles peuvent également se sentir faibles, avoir des douleurs à l'estomac, des maux de tête ou une perte d'appétit. Dans certains cas, les patients présentent une éruption cutanée composée de taches plates de couleur rose. Les choix d'antibiothérapie comprennent les fluoroquinolones (pour les infections sensibles), la ceftriaxone et l'azithromycine. La maladie est plus fréquente en Inde. Les enfants sont le plus souvent touchés. Les taux de maladie ont diminué dans les pays développés dans les années 1940 grâce à l'amélioration des conditions sanitaires et à l'utilisation d'antibiotiques pour traiter la maladie.

Référence

A. K. Ahluwalia, *Environmental Chemistry,* Ane Books India, New Delhi, 2008.

A. K. De, *Environmental Chemistry,* 6th Edition, New Age International, New Delhi, 2006.

B. K. Sharma et H. Kaur, *Environmental Chemistry,* Goel Publishing House, Meerut, 1996.

J. W. Moore & E. A. Moore, Environmental Chemistry, Elsevier, 2012.

P. K. Goel, *Water Pollution : Causes, Effects and Control,* New Age International, New Delhi, 2006.

S. E. Manahan, *Environmental Chemistry,* 8th Edition, CRC Press, Florida, 2004.

S. S. Dara, *A Textbook of Environmental Chemistry and Pollution Control,* 8e édition, S. Chand and Sons, New Delhi, 2008.

Buy your books fast and straightforward online - at one of world's fastest growing online book stores! Environmentally sound due to Print-on-Demand technologies.

Buy your books online at
www.morebooks.shop

Achetez vos livres en ligne, vite et bien, sur l'une des librairies en ligne les plus performantes au monde!
En protégeant nos ressources et notre environnement grâce à l'impression à la demande.

La librairie en ligne pour acheter plus vite
www.morebooks.shop

Printed by Books on Demand GmbH, Norderstedt / Germany